ちくま新書

数学入門

小島寛之
Kojima Hiroyuki

966

数学入門
【目次】

まえがき 007

第1章 ピタゴラスの定理からはじまる冒険 013

数学史上最大の発見／ピタゴラスの定理の意義／コサインの発明／三角関数の発展／デカルトが幾何と代数を融合させた／図形と方程式との対応／円の方程式はピタゴラスの定理から／3次元球と4次元球／負の数の算術／平面上の方向算／ベクトルの加減／ベクトルと座標は結びつく／ベクトル×ベクトルをどう定義するか／内積の背後にコサインの影／内積と正射影と力学との関係

第2章 関数からはじまる冒険 057

関数とは，世界の法則を記述するもの／関数とは，「数」ではなく「仕組み」のこと／文字式って何だろう／関数を表現するライプニッツ記号／関数の演算でもっと複雑な関数を作る／比例関数こそ，基本中の基本／携帯通話料金を使って1次関数を復習しよう／2次元の比例関数／「行列」ってなんだ／行列の代数計算を知ろう／行列×行列はどうしてあんな変な計算なのか／行列の計算法則

第3章 無限小世界の冒険 083

無限小の数学／座標軸を移動すれば比例関数になる／税金の式で学ぶ局所座標／局所的な比例関数で近似する／近似の程度を誤差率で計測する／局所近似1次関数は極限操作

で求める／近似１次関数の直線は元の関数のグラフの接線になる／微分係数から何がわかるか／導関数の公式／高次元の微分係数（偏微分係数）／無限小の国の算術

第4章 連立方程式をめぐる冒険　123

ツルカメ算と連立方程式／クラメールの公式／連立方程式をベクトルで表す／$(ad-bc)$ の正体をあばく／行列式の代数／クラメールの公式をもっと見やすくしよう／クラメールの公式を目で見よう／クラメールの公式は一般に成り立つからスゴイのだ

第5章 面積をめぐる冒険　143

無限小を無限個足し合わせる／変化を足し合わせる／中消し算の応用／図形の面積を細切れから求める／放物線を辺に持つ図形の面積を求める／積分は、微分と深いあいだがら／リーマン和ってどんな足し算？／微積分学の基本定理／円錐の体積の計算に「÷3」が出てくる理由／線分の長さを計算する／無限個の足し算を積分で求める

第6章 集合をめぐる冒険　185

「無限」をとらえた数学／「無限」にも大きさの違いがある／集合の理論は数学に革命を起こした／集合の記号法になじもう／集合の関係と演算の記号／集合は確率に応用される／確率はこう定義される／集合の要素に「関係」を導入

する／集合をグループ分けする／数を創造する／複素数を創造する／微分も同値類から理解できる／実数を創る／自然数を創る／ゼロ÷ゼロの矛盾を避けるために／トポロジーとは開区間の膨らみのこと／近傍を一般的に定義しよう／トポロジーとは「お隣さん」の代数／内部，外部，境界を取り決める／「連続」と「不連続」はどう違う？／不連続な写像を具体的に見てみよう／伸び縮みの幾何学

参考文献　247

あとがき　249

まえがき

新しい組み立て，新しい切り口，そして，スピード感ある数学への入門

　本書は，中学から大学初年級までの数学を再構成した本である。それこそ，正負の数の計算や文字式の意味みたいな初歩的なことがらからスタートして，関数の微分・積分を経由し，最後には，集合や位相空間などの現代数学の入り口まで到達する，というたいへん欲張りな内容になっている。

　本書を今，本屋さんで手に取っているあなたは，今までに，「よくわかる」，と銘打たれた数学の解説書を読んできたに違いない。そういう本は，だいたい2種類に分類できると思う。ひとつは，教科書では省略されている計算をちくいち懇切丁寧に解説しているもの。もうひとつは，図版やイラストやマンガを使って視覚的な解説を試みているもの。もちろん，そういう工夫は，ないよりあったほうがいいに決まっている。でも，ここであなたにお尋ねしたいのは，

　「そういう「お手軽本」で，本当に数学がわかるようになりましたか？」

ということだ。そして，この本であなたに提案したいのは，

　「そういう「わかった気にさせる本」で自分をごまかすのはもうやめて，そろそろ本格的な数学入門を果たしませ

んか？」

ということなのだ。

　たしかに，中学や高校で数学がダメになる人が多い。それはその人の責任ではない。問題は，教科書の構成の仕方にある。教科書では，具体的な意味が不明のまま定義を覚えさせる。その上で，ひとつの単元を教わるとたっぷり練習，そして，次の単元を教わって，またたっぷり練習，そういうふうに積み上げられていく。これは，「教育」が持つ裏の目的，つまり，「向いている人とそうでない人を選り分ける」ためには適切だろう。でもそれは，ごく少数の幸運な人を除く大部分の人に，苦痛と挫折感と嫌悪感を植え付けてしまう。

　そういう不幸を被った人の癒しのためには，「わかった気にさせる本」はいいかもしれない。「ああ，教科書でやっていたのは，こういうことだったのか」という免罪符を与えられるからだ。でも，それでは，数学そのものを身近にすることにならないだろう。そして，未来への活力にもならない。数学を身近にし，未来への活力にするには，数学をもう少しだけ本格的に理解しなければならない。そのためには，一度，きちんと数学と向き合う必要があるのだ。それも，教科書とは異なる方法で。

　本書は，そういう，本格的に数学と向き合いたい人のために書いた。ポイントは次の3つ。

＊細かい不要なアイテムはバサバサ切って，学んだアイテムを忘れないうちに次のアイテムへ，というふうにビュ

ンビュン進んで行けるようにした。だから，数学全体の関連性がよく見える。
＊各アイテムについて，教科書とは異なる組み立てと見方を提供した。だから，全く新鮮な気持ちで数学に向き合うことができる。
＊中学・高校の数学も，ずっとずっと遠方では現代数学の脈動とつながっている，ということを提示した。だから，数学の生命感が味わえ，最新の科学への登山口に立つことができる。

　以上のことがもう少し詳しく伝わるよう，各章の概略を紹介しよう。
　第1章では、中学で習うピタゴラスの定理から出発し，三角関数，座標平面における図形の方程式，ベクトルと内積，とビュンビュン展開する。これは，中学・高校のたくさんの分野を1本の串で貫こう，という試みである。きっと，ジェットコースター感覚を味わいながら，これまでと違った数学の理解に達することと思う。しかも，たくさんのアイテムの背後に共通してピタゴラスの定理があることがわかって，数学に対する認識が新たになることうけあいである。
　第2章では，関数を総覧する。それこそ，中学校の文字式からスタートし，比例関数や1次関数を学び直したあと，変数が2つの比例関数へと歩みを進める。大事なのは，変数が2つの比例関数こそが，わけのわからなかった，あの「行列」というものの正体だ，と気づくことである。

まえがき　009

行列については，高校数学の扱いはますます希薄となっている。逆に大学では，現実的な意味を与えないまま，抽象的に話を推し進めてしまう。どちらの場合でも，学習者は「なんじゃこりゃ」と頭を抱えることであろう。この章でも，関数の初歩からスタートし，最後は大学初年級の行列の考え方にハイスピードで到達する。

第3章では，微分を解説する。ポイントは，教科書と全く異なるアプローチをして，結局は，教科書と同じ法則を導くことである。高校の教科書では，微分は接線から導入されるが，これは多くの高校生にとって難物である。歴史的にみても，また，実用面からみても，接線は微分の本質だとは言いがたいからだ。本書では，微分を「近似計算を理想化したもの」として導入する。こうすることで，微分のすべての公式が自然な計算であることが理解できる。さらには，大学で教わる偏微分さえも全く同じ方式で理解できるのが利点である。

第4章では，中学で習う連立方程式から出発して，それを一発で解く「クラメールの公式」を解説する。「クラメールの公式」は大学で習うものだが，多くの場合，その図形的な意味は提示されない。ここでは，図形的な解釈から公式にアプローチするので，連立方程式と行列式との関連性がイメージ豊かに理解できるだろう。

第5章は，積分の解説である。ここでも，高校数学とも大学数学とも異なるアプローチをする。正確にいうと，その中間のアプローチをするのである。この章の目標は，定積分を「(関数の値)×(xの増分)の合計」という計算から

理解すること。そして，導関数の定積分が元の関数の差で表される，という「微積分学の基本定理」を直観的に納得することである。ここに，第2章で準備した「近似計算の理想化としての微分」という見方が活きてくる。

最後の第6章では，現代抽象数学の基礎となる「集合論」と「位相空間の理論」への入門をする。これらのアイテムは，大学で数学を専攻しないと勉強しないものだが，理解できればきっとこれまでの数学観がくつがえるに違いない。本書では，集合と位相をできる限り具体性をもって説明することにチャレンジした。

本書を読み終えたら，あなたはきっと，数学に対して，新しい段階に達したことを自覚するに違いない。そして，次に何を勉強するつもりにせよ，「どうやればいいか」，その方法論がつかめていることと思う。数学へ本格的に入門するとは，決して「過去にわからなかったことがわかったような気になる」ということではなく，「未知のことに向かっていく活力を得る」ことなのだ。本書では，何よりも，そういう「数学入門」こそを読者に提供したい。

第 1 章

ピタゴラスの
定理から
はじまる冒険

†数学史上最大の発見

　数学史上最大の発見と言えば、間違いなく**ピタゴラスの定理**だろう。ピタゴラスの定理は、直角三角形に関する定理で、中学3年で習う。なぜそんな初等的な定理が数学史上最大の発見なのかといえば、これが発展して、「空間」を数学的に分析するための基礎を与えるものとなったからなのだ。そこで、本書ではまず、このピタゴラスの定理から始まる冒険に読者のみなさんを誘おう。

　私たちは、自分たちが生活している場所を「空間」と呼んでいる。「空間」とは、広がりを持っていて、移動が可能な場所である。科学者は、そのような周囲の「空間」を観察することから、それらを抽象化して、さまざまな数学的な「空間」を創出するようになった。その中には、物理学が対象とする「この現実世界の時空間」（縦・横・高さに時間軸を加えたもの）もあるし、経済の営みをシミュレートするために考え出されたような「抽象的な架空の空間」もある。

　いずれにしても、科学者たちは、それらの「空間」の中で、隔たりを測ったり、どんな道を敷けるか、全体がどんなカタチになっているか、などを解析したりすることで、分析したい対象の性質を明らかにするのである。そういう分析の際に基本的な役割を果たす数学の定理がある。それがまさにあの有名な「ピタゴラスの定理」なのだ。

　ピタゴラスの定理を発見したのは、いうまでもなく、紀元前500年代のギリシャの天才ピタゴラスである。地中海のサモス島に生まれ、エジプトに留学し、バビロニアにも

訪問して学問の修行を積んだようだ。その後、故郷サモスに学校を建てようとして失敗し、南イタリアのクロトンでその計画を実行した。ピタゴラスは数学者だが、宗教の教祖でもあった。古代では、学問と宗教・思想は一体となって切り離せないものであったから、これは別に不思議なことではない。

　教祖ピタゴラスが信仰していたものは、「数」だと言われている。「宇宙は数でできている」とし、とりわけ「分数（有理数）のみが宇宙に存在する数である」と唱えた。晩年は、教団が神秘的な儀式を行っているという嫌疑をかけられ、迫害を受け、遂には焼き討ちにあって殺害されたとされている。

　ピタゴラスの定理とは「**直角三角形の斜辺の平方は、他の2辺の平方の和である、すなわち、図 1-1 において $c^2 = a^2 + b^2$ が成り立つ**」という法則だ。

　単に辺の長さを足すのではなく、それを平方してから足す、というのがミソ。こういうちょっとした点に不思議わくわく感を持てるようになることが、数学と仲良くなるための第一歩なのである。

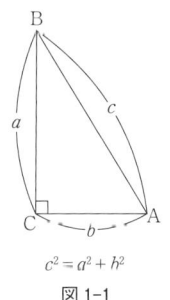

図1-1

　ピタゴラスの定理の証明は、現代までに発見されたすべてを合計すれば400通り近くも知られているそうだ。今回はその中でも特に、ピタゴラスの時代に知られていたであろう証明を紹介しておこう（この証明は、中国の漢王朝〔206 B.C.–A.D. 220〕にも知られていた）。使うのは、「平方の

展開公式」,

$$(a+b)^2 = a^2+b^2+2ab \quad \cdots ①$$

だけである。この公式は,分配法則(カッコはずし)だけで得られるのだが,図1-2の面積図を眺める方が理解がたやすいだろう。この公式のポイントは,「aとbを加えてから2乗すると,おのおのの2乗以外に,余計な$2ab$という項が出てくる」ということだ。なぜ余計な項が出るかは,図を見れば一目瞭然だろう。

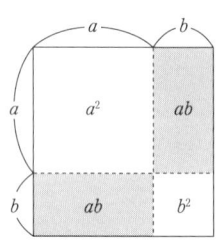

全体の面積$(a+b)^2$はa^2とb^2と$ab×2$に分割される

図1-2

この公式を利用すれば,ピタゴラスの定理の証明は,辺の長さが$a+b$の正方形を図1-3のように別の区切り方をするだけで得られる。内部に辺の長さがcの正方形ができるが,この面積c^2は元の正方形の面積$(a+b)^2$から直角をはさむ2辺がaとbである直角三角形を4個引き算すれば得られるので,

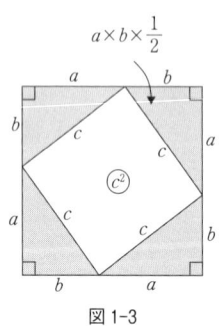

図1-3

$$c^2 = (a+b)^2 - a \times b \times \frac{1}{2} \times 4$$
$$= a^2+b^2+2ab-2ab = a^2+b^2$$

が成り立つとわかる(図1-2と図1-3の網掛け部の面積が同じであることに気がつけば,網掛けでない部分も同じ面積と

わかり，計算なしでも証明が得られる）。

　この定理は，部分的にはピタゴラス以前に知られていたようだ。たとえば，エジプト人は $a=3$，$b=4$，$c=5$ の三角形が直角三角形である（実際，$5^2=3^2+4^2$ となっている）ことを知っていて，ピラミッドなどの建築に役立てた，という話がある。ピタゴラスはエジプト留学でこれを知ったと推測する歴史家もいるようだ。

　しかし，これを直角三角形の「一般法則」だとして認知し，証明まで考えたのがピタゴラスの大才たるゆえんである。つまり，経験則でよしとしていたエジプト人とは，一線を画しているのである。このような**幾何と代数を融合させる手法**を発案したのが，ピタゴラス学派の独自性だと言っていい。この定理は，このあと解説するように，その後の数学へのはかりしれない影響力を考えれば，「史上最大の発見」だったと言いきれる。

†ピタゴラスの定理の意義

　ピタゴラスの定理の発見は，いくつもの意義を持った。

　まず挙げるべきは，**幾何法則に対する「証明」という手続きの先駆け**になったことだ。実際，紀元前 300 年代頃の数学者ユークリッドは，幾何法則の証明を集大成した『ユークリッド原論』を書いたが，この仕事はピタゴラス学派からの影響が大きい。

　次に挙げるべきは，「**無理数の発見**」だ。無理数というのは，分数（整数÷整数）では表すことのできない数のことで，小数で表現すると同じ数字列が繰り返す循環小数では

なく、「非循環小数」となる。ピタゴラス自身は、直角二等辺三角形の辺の比に、2の平方根である $\sqrt{2}$ が現れることを発見した。実際に、図1-1で $a=b=1$ とおくと、$c^2=1^2+1^2=2$ となるから、斜辺 c は2乗すると2になる数、すなわち $\sqrt{2}$ である。ピタゴラスは、この $\sqrt{2}$ が無理数であることも厳密に証明した。

　これは、人類の数認識に関するめざましい発展だった。分数さえも自由自在には扱えない時代に、すでに分数からはみでた数を発見してしまったからだ。

　ところが、無理数の存在は、ピタゴラス学派が教義としていた「宇宙は分数（整数比）でできている」という主張に背いている。つまり、自己否定となる証拠を発見してしまう、という不幸な事態となった。そこで彼らは、無理数の存在を秘密にしてしまったのである。しかし、ピタゴラスの定理を使えば、$\sqrt{2}$ 以外にもざくざく無理数がみつかるので、結局は無視し続けることができず、やがて秘密は漏洩してしまうことになった。人類の知的進歩にとって、これは幸運な秘密漏洩であった。

　影響はそれに留まらない。この定理は「算術（整数の理論）」にも大きな影響を与えたのだ。

　$c^2=a^2+b^2$ を満たす自然数 a, b, c の組は 3, 4, 5 の他に 5, 12, 13（$13^2=5^2+12^2$）など無数にあることは当時から知られていた。$c^2=a^2+b^2$ のように、式の数よりも未知数の数の多い方程式を「不定方程式」という。このような不定方程式の整数解を探す問題が3世紀頃のディオファントスという数学者によって引き継がれ、熱心に研究された。それ

は，中世にいったん途絶えるが，17世紀の数学者フェルマーによって復興され，その後「**整数論**」という数学の中心的分野のひとつを築くこととなったのである。とりわけ，フェルマーが提出した魅力的な難問

「n が 3 以上の自然数のとき，$c^n = a^n + b^n$ を満たす自然数 a, b, c は存在するか」

は，その後 300 年以上にわたって，数学を進歩させる原動力となった。多くの数学者がチャレンジしたにもかかわらず，完全な証明は得られなかったが（その辺の事情は，拙著『数学オリンピック問題にみる現代数学』を参照のこと），この問題を解決するために考え出されたさまざまな方法論が，数学を刷新していくことになったのである。そして，遂に 1995 年，イギリスの数学者アンドリュー・ワイルズによって解決されることになった。フェルマーが予想した通り，「そのような自然数は存在しない」ということが，完全に証明されたのである。これは，数学の歴史的イベントといっていいできごとだった。解決には，現代代数学の最先端の方法論が利用されたのであった。

そうしたさまざまなピタゴラスの定理の貢献の中にあって，最も強調すべきなのは，「**空間の計量理論**」の出発点となった，ということだろう。さまざまな空間の中で，直線や曲線などの長さを測り，角度を定義し，面積や体積を導入するために，この定理は根底的な役割を果たす。たとえば，あの有名なアインシュタインの相対性理論でさえ，ピタゴラスの定理の発展形だと言っても過言ではないのである。

†コサインの発明

ピタゴラスの定理を次なる段階にステップアップさせたできごとは、**三角法の発見**であろう。三角法とは、今でいうところのコサイン・サイン・タンジェントのことだ。三角法の研究は、ギリシャ時代に、円の弦の長さに関する研究がなされたことに端を発し、それが7世紀頃のインドに伝わってさらに研究が進み、9世紀頃のアラビア（現代の中東地域）で花開いたと言われている。インドやアラビアで研究されたのは、天文学の必要からだったようだ。

ピタゴラスの定理を、「直角三角形の2辺の長さがわかっているとき、残りの辺の長さを計算する公式」だと理解するなら、当然それを、「直角三角形でない」三角形にまで拡張したくなるのが人情である。これを可能にしたのが、三角法の発想だったのだ。

たとえば、図1-1で、角Cが90°ではなく、60°のケースでは次の式が成り立つ。

$$c^2 = a^2 + b^2 - ab \quad \cdots ②$$

つまり、角Cが60°の場合にはピタゴラスの定理に$(-ab)$の項を付け加えるという修正を施せばいいだけ、ということがわかったことになる（図1-4）。実際、正三角形$a=b=c=1$は確かに②を満たしている。

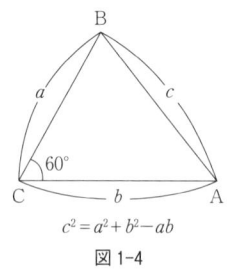

図1-4

この場合を含む一般の角度Cの場合の「拡張されたピタゴラスの定理」を提示しよう。そのためには、「**正射影**」と

いう見方を導入する必要がある。「与えられた線分の直線L上への正射影」というのは、その線分上の各点からL上へ下した垂線の足から作られる線分のことである。簡単にいうと、線分L上に落とした「影」のことなのだ（図1-5）。

この「線分の正射影」を導入すれば、角Cが一般の鋭角の場合でも辺ABの長さを他の2辺から計算することが可能となる。多少のややこしさはあるが、ピタゴラスの定理を2回使うだけなので、がんばって理解してほしい。

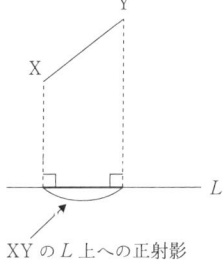

XYのL上への正射影

図1-5

図1-6を見てみよう。まず、線分BCの直線AC上への正射影、すなわちCHのことを単に［正射影］と記そう。すると、△BCHにピタゴラスの定理を適用して、

$$BH^2 = a^2 - [正射影]^2$$

が得られ、また、AH$= b -$［正射影］となるから、これらと△BHAへのピタゴラスの定理によって、

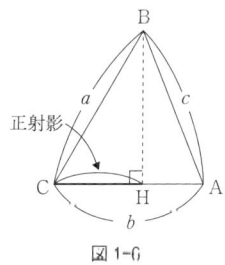

図1-6

$$\begin{aligned}
c^2 &= BH^2 + AH^2 \\
&= (a^2 - [正射影]^2) + (b - [正射影])^2 \\
&= a^2 - [正射影]^2 + b^2 + [正射影]^2 - 2b \times [正射影] \\
&= a^2 + b^2 - 2b \times [正射影] \quad \cdots ③
\end{aligned}$$

が得られる（2番目から3番目への変形では、公式①が再び利用されている）。

第1章 ピタゴラスの定理からはじまる冒険　021

ここで線分の正射影の長さが元の線分の長さに比例することに注目しよう。図1-7からわかるように、元の線分の長さが k 倍になれば、明らかに正射影の長さも k 倍になる。実体の長さが伸びれば、その影の長さも比例して伸びるのは、直観的に理解できるだろう。

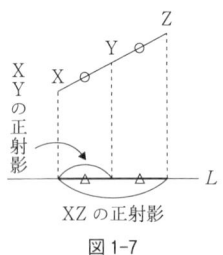

図1-7

　したがって、元の線分の長さが1のときのその線分の L 上への正射影の長さを記号で決めそれを基準にすれば、すべての正射影を計算することができて便利だ。これは、正射影する線分とそれを正射影しようとしている直線 L の成す角に依存して決まるから、次のように定義するのが自然だろう。

「長さ1の線分をそれと角度 θ を成す直線 L 上に正射影した線分の長さを $\cos\theta$ という記号で表す」

　ここで、cos という記号は「コサイン」と読む。この「コサイン」の記号の由来については、たいして有益な知識ではないので、触れずに進もう。たとえば、図1-8のように、$\theta=60$ 度の場合は、長さが1の線分の正射影は長さ 0.5 だから、このことは

$\quad \cos 60 = 0.5$

と表される。一般には、長さが a の線分 BC の直線 AC 上への正射影 CH の長さは

$\quad a \times \cos C$

となる。

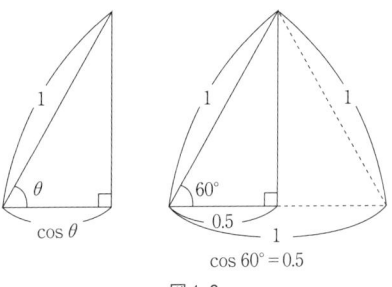

図 1-8

 ちなみに、このように、コサインを角度と正射影からとらえる見方をしたのは、16 世紀のドイツのラエティクスという人だそうだ。

 上記の公式を先ほどの公式③の［正射影］のところに代入すれば、

$$c^2 = a^2 + b^2 - 2ab\cos C \quad \cdots ④$$

という公式が得られる。つまり、ピタゴラスの定理の一般三角形への拡張には、$(-2) \times (2辺の積) \times (挟む角のコサイン)$ という項を付け加えればよい、ということがわかったのである。ちなみに、$C = 60°$ のときは、$\cos C = 0.5$ であるから、この場合④式は②式と一致する。

 この公式④は「**余弦定理**」と呼ばれ、拡張版ピタゴラスの定理と言っていい。日本では高校生が習う公式である。「余弦」とは、「コサイン」を日本語に翻訳した言葉だ。

 以上で、三角比の中のコサインを定義することができた。あと 2 つの代表的な三角比、サインとタンジェントは、（鋭角の場合には）図 1-9 のように直角三角形の辺から定義することができる。

第 1 章　ピタゴラスの定理からはじまる冒険　023

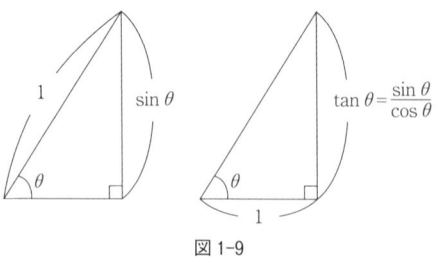

図 1-9

†三角関数の発展

この余弦定理をCが鈍角（90°より大きい角）の場合にも拡張するには、コサインを鈍角で定義しなければならない。そのためには、もうひとつ重要な道具が必要となる。それは「**負の数**」である。

負の数が普及したのはアラビア数学よりもずっと後で、近代になってからのこと。だから、現代のコサインの定義が完成したのは、18世紀頃のヨーロッパだと考えられている。負の数の意味については、もう少しあとで詳しく触れることにしよう。

鈍角θに対する$\cos\theta$は**正射影の長さを負数にしたもの**と定義される。たとえば、図1-10のように120度に対するコサインである$\cos 120°$は(-0.5)となる。このように定義すれば、

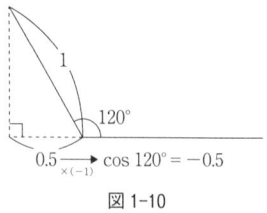

図 1-10

余弦定理は鈍角（90度より大きな角）Cに対しても式④そのままで成立する。

ここまで来れば、コサインを完全に定義することは簡単

である。現代的な定義は以下のようになる。図1-11のように，座標平面上に，原点を中心とし半径1の円を描く（座標については，次節で解説する）。その円周上を点 $(1,0)$ を出発して反時計回りに回転する動点を考えよう。

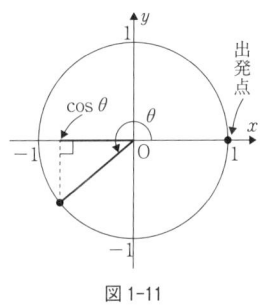

図 1-11

動点は1秒間に中心角1度分回転する。このとき，

[θ 秒後の動点の x 座標] $= \cos\theta$

と定義するのである。要するに，時計と反対回りをする針の先っぽの影を水平方向の直径に落としたときの，その影の位置がコサインというわけなのだ。

このように定義すると $\cos\theta$ は，すべての数（実数）について定義することができる。たとえば，720°のコサインは，針が反時計まわりに2周したときの影の位置だから，$\cos 720° = +1$，$(-270°)$ のコサインは，時計回りに270°回ったときだから，針が垂直に立っているケース。したがって，$\cos(-270°) = 0$ となる。このようにコサインは，角度 θ をインプットすると，-1 以上 $+1$ 以下の数をアウトプットする関数となる（関数については，第2章で詳しく解説する）。

$\cos\theta$ の値は，θ を連続的に大きくしていくと $+1$ と -1 の間をいったりきたりと振動するので，**コサインという関数は振動を表現する関数**，ということになる。物理学の発展によって，「波動」という振動現象がいくつも見つかっ

た。音や光や電磁波などは代表的な波動現象だ。地震や交流電気などもそうである。このような波動現象を数学的に分析し、技術として利用するには、コサイン（や他の三角関数）は欠かせないものだ。それが、紀元前のピタゴラスの発見から 2000 年以上にもわたって積み上げられていることは、驚嘆に値する。

†デカルトが幾何と代数を融合させた

ピタゴラスの定理と余弦定理の発見は、「**幾何学の法則を代数計算に還元する**」ことの先駆けだった、と理解することができる。

そもそも、数学者は「幾何の証明を代数で代用できればいいのに」という願望をずっと抱いてきたに違いない。実際、数学者でない読者の皆さんだって、これを待望されることだろう。幾何の証明には特殊なひらめきが必要で、しばしば奇抜な補助線を発見したりしなければならない。補助線の発見が、代数計算で代用され不要になるのだったとしたら、それはどんなにありがたいことだろう。

余弦定理を含む三角法は、それをある程度は可能にしたのだが、このことを本格的に実現したのは、17 世紀の数学者デカルトとフェルマーだった。彼らは、「**座標平面**」という方法論を編み出し、幾何を代数に還元することに成功したのだ。

座標平面とは、図 1-12 のように、平面上の各点に 2 つの数字のペアを対応させたもの。点 P から 2 本の数直線、x 軸と y 軸、に垂線を下し、その数字がたとえばそれぞれ a

と b なら，数字のペア (a, b) を「点 P の座標」とするわけである。要するに，座標とは点の「番地」のようなものだ。つまり，平面を，縦横に走る無限の直線で編み上げられたペルシャカーペットのようなものとみな

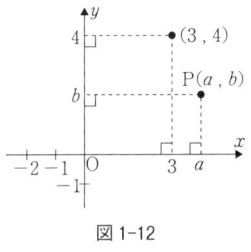

図 1-12

し，平面上のすべての点を横線と縦線の交点として表現し，縦線の持つ番号と横線の持つ番号のペアを割り当てる，ということなのだ。京都市や札幌市の番地はこの原理で作られており，また，将棋の棋譜の方法にも利用されている。

座標平面で特筆すべきことは，「負の数」が導入されているということだ。x 軸や y 軸などの数直線は左右どちらの側にも無限に延びているから，すべての点にもれなく数を対応させるには，どうしても負の数を導入しないわけにはいかない。したがって，デカルトは，負の数を最初に意識的に利用した数学者としても歴史に刻まれている。

座標平面の方法論をデカルトが発見したのは，彼のものごとの見方や思想と関係が深いと言われている。実際，デカルトは，都市のあり方について，次のような見解を持っていた。すなわち，道が曲がりくねって建物がてんでんばらばらに建っているのは，理性のなせるわざではない。道は真っ直ぐに格子状に敷かれ，その交差点に建物が整然と並んでいるのが理性にのっとった都市のありかたである，と。デカルトはこの哲学的な思想を数学上で応用して座標

平面を考え出した。そして、この方法論がその後3世紀以上にわたる数学の行方を決めてしまったというのだからスゴイ。

次節で解説するように、このように点を数字のペアで表すと、図形は「不定方程式の解集合」とみなすことができるようになる。つまり、図形を方程式と対応させることが可能となる。

　　点 ⇔ 座標　　図形 ⇔ 方程式の解の集合
ということだ。

高校数学ではこればかりに焦点をあてるが、実は、座標平面には他にもさまざまな応用法がある。そのひとつとして、統計学における「散布図」を挙げておこう。

散布図というのは、2つのデータの関連性を調べるために使われる。たとえば、図1-13は、世界の84の国について、その貯蓄率(投資率)をx、1人あたり所得をyとして、84カ国分の座標を作り、それらの点(x, y)をプロット(打点)したものだ。この84個の点たちの分布を眺めると、点の集団がおおざっぱには「右上がり」の傾向にあることが見てとれるだろう。これは、2つの点(国)を比べると、「右にあると上にある」ということが、完全にではないがおおよそ成り立つことを意味している。つまり、「おおまかには、貯蓄率の高い国は豊かな国である傾向があると言える」ということである。

散布図は、座標平面の数学外の利用法として最たるもののひとつと言っていいだろう。

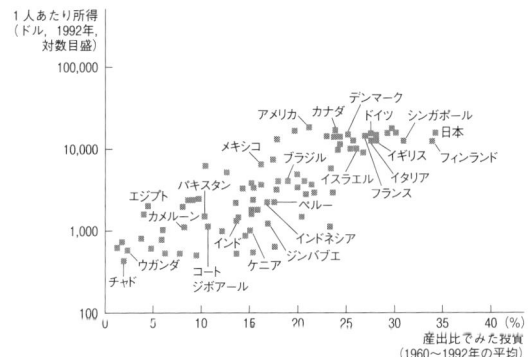

図 1-13 投資率と1人あたり所得の関係についての国際的な証拠

この散布図は，84カ国の経験をそれぞれ1つの点で示したものである．横軸は各国の投資率を表し，縦軸は各国の1人あたり所得を表している．ソロー・モデルの予測のとおり，投資が多いほど1人あたりの所得が高いという関係がみてとれる．
(出所) Robert Summers and Alan Heston, Supplement (Mark 5.6) to "The Penn World Table (Mark 5): An Expanded Set of International Comparisons 1950-1988," *Quarterly Journal of Economics*, May 1991, pp. 327-368. (マンキュー『マクロ経済学Ⅱ』〔第2版〕より作成)

図 1-13

†図形と方程式との対応

それでは，座標平面を利用するとなぜ幾何を代数に還元することができるのか，それを解説することとしよう．

たとえば，今，図1-14のような座標平面上の直線を考える．この直線は，具体的には原点 $O(0,0)$ と点 $A(1,2)$ を結んだ直線である．さて，この直線が無数の粒から成るもの，とみなすなら，それらの粒1個1個を表す点の座標は

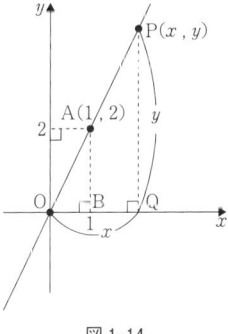

図 1-14

第1章 ピタゴラスの定理からはじまる冒険　029

どんな式で特徴づけることができるだろうか。直線上の任意の点 P(x, y) に対して，△OAB と △OPQ が相似であることから，

$$x : y = 1 : 2 \quad \cdots ⑤$$

とわかる。ちなみに，点 P が第 3 象限（左下の領域）にあって，x, y がともに負数の場合もこの比例式は成立する。たとえば，点 $(-3, -6)$ はこの直線上の点だが，確かに，$(-3) : (-6) = 1 : 2$ となっている。これは，直線を構成するすべての粒の座標 (x, y) に対して，y 座標の値は x 座標の値の 2 倍である，ということを意味しているので，方程式で書くなら，

$$2x - y = 0 \quad \cdots ⑥$$

という式が成り立つ。逆に⑥式を満たすような x, y に対しては，⑤式が成り立つから，⑥を満たす (x, y) の座標を持つ点はさきほどの直線 OA 上にあるとわかり，

「点 (x, y) が直線 OA 上にある」ことと「x, y が方程式⑥の解である」ことは同じこと

ということになる。以上のことを逆向きからみると，次のようになる。すなわち，⑥の形の方程式は，未知数の数（2個）が方程式の本数（1本）より多いので，不定方程式の一種であり，解 (x, y) は無数に存在する。不定方程式⑥の無数の解 (x, y) を粒として打点していくと直線 OA ができる，というわけなのだ。

座標平面上のさまざまな図形が，このような方法で，方程式や不等式を使って表現することが可能となる。たとえば，図 1-15 の正方形 OABC の周と内部から成る図形を考

えよう。

この正方形の座標 (x,y) は、「x 座標も y 座標も 0 以上 1 以下」ということを表す次の「2 未知数 2 連立不等式」の解となることは明らかだろう。

$$\begin{cases} 0 \leq x \leq 1 \\ 0 \leq y \leq 1 \end{cases}$$

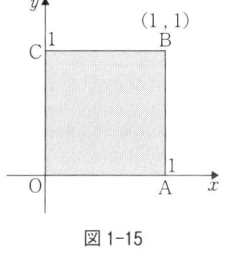

図 1-15

✢ 円の方程式はピタゴラスの定理から

前節の直線 OA が方程式 $2x-y=0$ の解の集合として表されるのと同じ理屈で、どんな直線も、適当な定数 a,b,c に対して、$ax+by=c$、という不定方程式の解の集合として表現されることが簡単にわかる。要するに、

直線は 2 未知数 1 次方程式と対応している

ということである。前節でも解説したが、不定方程式の解は一般に無数にあるので、解を座標としてプロットしたものは、座標平面上の 1 つの図形を描く。K 次の不定方程式 ($K=1,2,3\cdots$) の解の集合が描く図形を総合的に研究する分野は、「代数幾何」と呼ばれ、現代数学の中核をなす分野だ。数学界の最高名誉の賞であるフィールズ賞をもらった日本の数学者は 2012 年までに 3 人いるが、3 人とも代数幾何の分野の研究者である。

直線が 2 未知数 1 次方程式で描ける、とわかったので、次に、「円がどんな方程式の解の集合となるか」を考えよう。面白いことにここでもまた「ピタゴラスの定理」が大

第 1 章　ピタゴラスの定理からはじまる冒険　031

活躍をするのである。

具体例として、図1-16のような、座標平面上において、原点が中心で半径が5の円周を、考えよう。

今、(3,4)の座標を持つ点Pがこの円周上にあることを確かめる。そのためにはOPの長さを計算すればいい。これが半径と同じ5となれば、円周上の点とわかる。ここで、直角三角形OPHにピタゴラスの定理を適用すれば、

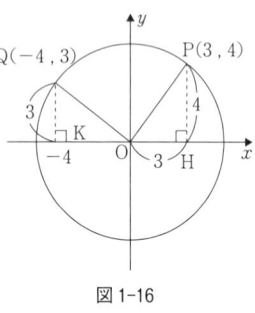

図1-16

$$OP^2 = 3^2 + 4^2 = 9 + 16 = 25$$

これからOP=5とわかり、点Pは円周上にあるとわかる。

同じように、点Q(-4,3)も円周上の点であることが確認できる。実際、△OQKを眺めれば、やはりピタゴラスの定理によって、OQ=5が計算できるからだ。この際、座標がマイナスでも、(座標の2乗)=(長さの2乗)となるので、マイナスの符号は無視することができることが重要だ。つまり、円周上の任意の点の座標を(x,y)とすれば（符号が正負のいずれかにかかわらず）、

$$x^2 + y^2 = 25 \quad \cdots ⑦$$

が必ず成り立つし、逆に⑦が成り立つ点はもれなく円周上の点だとわかる。つまり、円周を無限個の粒の集まりだとみなせば、それらのすべての粒の座標は、「各座標の2乗を足すと25になる」という性質を持っているわけなのだ。これが、原点が中心、半径が5の円の方程式となる。この

例を一般化すれば，原点が中心，半径が r の円の方程式は，
$$x^2+y^2 = r^2 \quad \cdots ⑧$$
であるとわかるだろう。このことから，**円は2未知数2次方程式と対応している**，ということを発見できる。要するに，直線は1次式，円は2次式，というわけなのだ。

以上のように，直線や円という幾何図形を方程式で表現することが可能になると，なにか御利益があるだろうか。それは，**さまざまな幾何的な性質を代数計算に対応させて処理することができる**，ということだ。

たとえば，前節で例にした，原点と $(1,2)$ とを結ぶ直線 OA と，今の円（原点が中心，半径5の円）との交点がいくつあるかに興味があるとしよう。交点というのは，「直線上にあるし，円上にもある点」のことだから，「方程式⑥の解でもあるし，方程式⑦の解でもある」(x,y) を

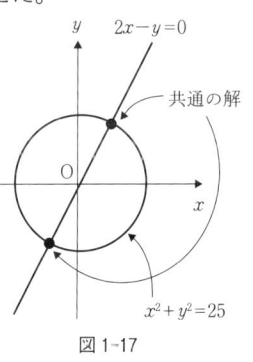

図1-17

求めることと同じである（図1-17）。それを調べるには，方程式⑥と方程式⑦とを組み合わせて連立方程式にし，両方の解になる (x,y) がいくつあるかを調べるだけでいい。⑥は $y=2x$ ということだから，⑦の y に $2x$ を代入する。すると，
$$x^2+(2x)^2 = 25$$
となり，この2次方程式にいくつ解があるかを求めればいい。これを具体的に実行すれば，交点は2個あると結論で

第1章 ピタゴラスの定理からはじまる冒険　033

きる（$x=\sqrt{5}$ と $x=-\sqrt{5}$）。

†3次元球と4次元球

　座標の方法は，もちろん，平面だけでなく3次元空間にも使うことができる。

　3次元座標空間は，x軸，y軸両方に直交するz軸という数直線を加えて座標を作る。x軸とy軸が床で直交する敷居だとすれば，z軸は床から天井につながる柱にあたる。

　空間の点Pからx軸，y軸，z軸それぞれに下ろした垂線の足に対応する数がそれぞれa, b, cであるとき，点Pの座標を(a, b, c)と記す。これは別の言葉で言えば，点Pは座標平面上の(a, b)にあたる点（空間座標では$(a, b, 0)$の点）の真上にあって，高さがcであるような点である。

　このように3次元空間の点を3つの数の組で表現してしまえば，図形は3元方程式や3元不等式で表されることとなる。**デカルトの発想は，「次元」さえも乗り越えるところ**がみごとなのである。

　例として球面の方程式を求めてみよう。原点を中心とした半径5の球面はどんな方程式になるだろう。図 1-18 のように，この球面上の点Pの座標を(x, y, z)とする。OP＝半径＝5だから，ピタゴラスの定理より，
$$5^2 = \mathrm{OP}^2 = \mathrm{OQ}^2 + \mathrm{PQ}^2$$
また，前節で解説したように，
$$\mathrm{OQ}^2 = x^2 + y^2,$$

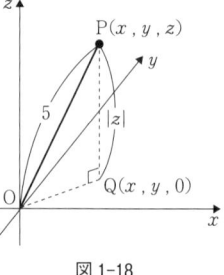

図 1-18

それと，
$$PQ^2 = z^2$$
とから，これらを代入すれば，
$$x^2+y^2+z^2 = 25 \quad \cdots ⑨$$
という式が得られる。これが球面の方程式である。球面の方程式は，3未知数2次の不定方程式なのである。⑦の円の方程式とこの⑨の球面の方程式を比べて観察すれば，ほとんどそっくりな式で表現されていることに驚かれるだろう。それは，どちらにも背後にピタゴラスの定理があるからなのだ。

球の方程式が得られると，円と球面の関係がいろいろわかってくる。たとえば，「球面を平面で切断すると切り口が円になる」というのは，まあ，誰でもアタリマエに思うことだが（オレンジの輪切りを思い起こせばいい），それを数式で確かめることができる（図1-19）。たとえば，⑨の球面を高さ4の平面（高さはz座標にあたるから，$z=4$である点$(x, y, 4)$たちが作る平面）で切断すると切り口はどうなるだろうか。これを知るには，⑨式のzに4を代入するだけだ。こうすれば，⑨を満たす点たちで高さ4のものが満たすべき方程式が得られる。具体的には，

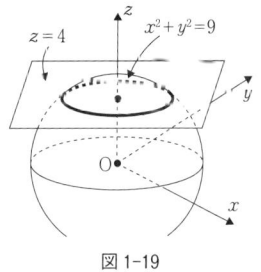

図1-19

$$x^2+y^2+4^2 = 25 \quad \rightarrow \quad x^2+y^2 = 9$$
という方程式である。

⑧式と見比べることで，これはxy平面で，原点が中心，

半径3の円の方程式とわかる（これは，中心がもとの3次元座標で $(0, 0, 4)$ にある，ということ）。このことを逆に考えると，球面というのは，半径が連続的に変化する円をオレンジの輪切りのように束ねていって作られる，ということがイメージできるはずだ。

ここで「輪切り」というとき重要なのは，各輪は前後の輪とくっつくだけで突き抜けることはない，ということである（図1-20）。

以上の議論は，私たちには見たり感じたりできない**4次元空間**にもそのまま適用することができてしまうからスゴイのだ。

図1-20

球の輪切り

まず，4次元空間は，(x, y, z, w) というふうに単に4個の数の組で点の座標を表すだけでできてしまう。これは，どこかに実在する空間，というよりは，「数学者が生み出した抽象的な（観念的な）空間」と考えるほうが正しい。**認知可能な3次元までの世界の座標表現の経験を発展させて，認知不可能な世界へはばたいている**，そう考えるべきなのだ。

このようにすることで，数学者は，「**4次元球面**」というものまで定義してしまった。たとえば，原点を中心とし，半径が5の4次元球面は，

$x^2 + y^2 + z^2 + w^2 = 25$　…⑩

で定義されるのだ。これは，なぜそういう式になるのか，と考えてはいけない。そうではなく，3次元以下をまねしてそう定義する，とみるべき式である。

⑩で表される4次元球面は，式を見ているだけでは，具体的な形が全く想像できないに違いない。もちろん，数学者だって最初は同じだ。しかし，数学者は，3次元の球を方程式との関係から理解する経験を積んだことで，4次元球の理解の仕方も身につけてしまうのである。どういうことかというと，「切り口」を通じて形をとらえるのだ。ただし，平面での切り口ではなく「3次元空間で切ったときの切り口」である。

たとえば，4次元座標空間の中の最後の座標 w が $w=4$ となる点たちの集合を考えよう。これらは $(x,y,z,4)$ という点で，x,y,z は自由に動かすことができるので，3次元空間と同等のものだと理解できる（4つ目の座標である4を隠してしまえばいい）。この空間 ($w=4$) で，4次元球面を切断した図形はどうなるのか。それを知るには，⑩に $w=4$ を代入するだけでいい。そうすると，

$x^2+y^2+z^2 = 9$

という方程式が得られる。これは原点が中心，半径3の球面だ。このことはいったい何を意味しているか。それは，**「4次元球面は3次元球面をオレンジの輪切りのように束ねて作られる」**，ということである。この場合も，3次元球のオレンジの輪切りと同じく，各輪は前後の輪とくっつくだけで，決して突き抜けることはない。にわかには想像が及ばないだろうが，根気さえあれば，数学者と同じ修行を積むことで，やがてわかるようになるだろう。

ちなみに，4次元球に関する100年間未解決問題であった**ポアンカレ予想**が，ロシアの天才数学者ペレルマンによ

って 2002 年に解決された。21 世紀中の解決はムリ，とまで言われていたが，その下馬評がくつがえされ，突如解決されてしまったのである。しかも，解決した当のペレルマンは，数学界最高の栄誉であるフィールズ賞の受賞を拒否し雲隠れしてしまう，という驚嘆のエピソードまでついている（ポアンカレ予想とは何か，については，拙著『天才ガロアの発想力』参照こと）。

† **負の数の算術**

　負の数は，デカルトが積極的に利用したことは前に述べた。ここで，負の数の算術について，少しきちんと解説しておこう。

　負数は，古くは紀元あたりの中国ですでに用いられていた。それは「借金」を意味する数としての利用であったようだ。その後，12 世紀頃のインドや 14 世紀頃のルネッサンス期のイタリアで盛んに使われるようになった。ここでも負数は，同じように，「簿記上の借金」を表すものであった。つまり，負数は，商業上の都合で発明され，普及したわけである。

　そもそも，負数というのは，実在物であるとはいえない。ゼロは「何もない」ことを意味するので，「ゼロよりも少ない量」というのは原理的に実在しない。だから，負数というのは，空想上の量，あるいは，思弁の中にだけある量と考えなければならない。

　そのような思弁的な架空の数を人間が生み出したのは，それが利用価値を持つからだ。なぜなら，人間の生活に

は,「数量に対し,どこかに区切り目を入れ,そこを起点に一方の方向と他方の方向とを別の名称で呼びたい」という場面がさまざまあるからである。

　たとえば,水が凍る温度を摂氏0°Cと規定し,それより高い温度をプラス,それより低い温度をマイナスと決めている。これは,水が液体である世界と固体である世界を区別したいからだろう。

　また,国家の輸出額が輸入額を超えている場合を貿易収支の黒字(プラス),逆の場合を赤字(マイナス)ととらえる。それは,その国家が外国に対してお金を貸しているか,借りているかの違いを表すものである。

　このように,生活上の都合から,われわれはあくまで架空の存在である負数を適宜用いているのである。

　このことを理解すると,負数を導入したときの数の四則計算は,自然に定義できるようになる。正負の数の計算は中学校で習うが,多くの場合,その意味や解釈には踏み込まず,計算規則だけを教え込むようである。このようにすると,その場はいいかもしれないが,子供たちには正負の数は単なる「約束事」としか認識されず,忘れてしまったりアレルギーを発症したりする。だから,正負の数の計算を教えるときは,たとえ遠回りになっても,きちんと解釈を与えたほうがいいと思う。なぜなら,それは,高校で習うベクトル(次節で解説する)にも通ずるものになるからだ。

　たとえば,$(+5)+(-8)=(-3)$となるのだが,これにはどういう理屈を与えたらいいだろうか。

第1章　ピタゴラスの定理からはじまる冒険

ひとつの方法は、最初の用途どおり、「帳簿上の計算」ととらえることである。(＋5)は5万円の利益があったこと、(－8)は8万円の借金を持っていることを表すと考えると、その和は、「利益から返済して借金を一部相殺すること」ととらえることができる。5万円分返済したあと、残る借金は3万円だから、(＋5)＋(－8)＝(－3)となるのである。

　この解釈はわかりやすいが、難点がある。それは掛け算・割り算の解釈が（無理とは言わないが）かなり難しい、ということである。それは、たとえば、(＋5)×(－8)＝(－40)、をどう解釈したらうまくいくか、悩んでみればいい。

　この難点を突破するには、(＋5)＋(－8)や(＋5)×(－8)の最初の(＋5)と次の(－8)とを別の量ととらえるのがよい。たとえば、空中のどこかに起点0を決め、その上下を昇り降りする気球を考えてみよう。このとき、(＋5)＋(－8)の(＋5)は、最初の気球の位置を意味する。つまり、気球は最初、起点より5メートル「上」にいることになる。次の(－8)は、気球の移動を意味する。すなわち、今いる位置から「下」に8メートル移動する、ということである。すると、(＋5)＋(－8)＝(－3)の計算結果(－3)は、移動の結果としての位置を意味する。つまり、起点から3メートル「下」に来る、ということである。この計算は、

　　(位置)＋(移動)＝(位置)　…⑪

ということを意味するわけである。

いったん，⑪のように異なる量を導入して理解できたなら，次のようにして量を揃えることが可能になる。すなわち，どこでもいいからひとつの位置xを考え，それに対して，気球に2回の移動を与えることである。すなわち，$x+(+5)+(-8)$は，位置xにいた気球が5メートル「上」に移動し，そのあと8メートル「下」に移動したときの最終的な位置である。したがって，それは，xの位置から3メートル「下」に移動した場合の$x+(-3)$と同じである。このことをして（xを省略し），$(+5)+(-8)=(-3)$と書くのである。この場合の解釈は，

　　（移動）＋（移動）＝（移動）　…⑫

となる。

　また，掛け算$(+5)×(-8)$を気球の昇降のモデルで理解したいなら，次のようにすればいい。

　$(+5)×(-8)$の$(+5)$は，気球が時速5メートルで「上昇」していることと解釈する。(-8)は，8時間だけ時間を「さかのぼる」ことと解釈する。すると，$(+5)×(-8)$は，「時速5メートルで上昇する気球の動きを8時間さかのぼる」を意味するので，答えは最初の位置から40メートル「下」にいる，というになって，$(+5)×(-8)=(-40)$と結論されるのである。この計算は，意味的には，

　　（移動）×（経過時間）＝（位置の変化）　…⑬

というものである。以上の⑪にしても⑫にしても⑬にしても，「方向」を導入した計算であることが見てとれる。つまり，負数を含んだ計算とは，「方向算」なのである。

† 平面上の方向算

　正負の計算をこのように直線上の「方向算」だと理解すると、当然、直線上の移動を平面上の移動に変えたらどうなるか、そういう発展系を考えてみたくなる。平面上の移動も「数」の一種ととらえて、それに足し算、引き算、掛け算を導入できるだろうか。実は、それが高校数学で教わるいわゆる「ベクトル」なのである。

　平面上の移動は、**文字の上部に矢印をつけて表現される**。このように表現された移動を「**平面ベクトル**」といい、たとえば、$\vec{a}$ などのように表す。直線上の移動は、正方向（上方向）と負方向（下方向）の2種類だけだったが、平面上の方向は無数にある。たとえば、東方向、西方向、南方向、北方向、南東方向…などなど。したがって、平面ベクトルは、たとえば、「東方向に距離1の移動」のように、「移動の方向と移動の距離」を両方定めることで特定されることになる。このとき、平面ベクトル $\vec{a}$ の「移動距離」だけを表したいときは、絶対値記号を用いて、$|\vec{a}|$ と表す。これは正負の数のときの絶対値記号が、たとえば、$|-3|=3$ のように、移動距離を表していたことと同じ記号法である。

　ちなみに、ベクトルを「移動」として定義するとき、「どこからの移動」かは問題にしない。たとえば、「東方向（x軸方向）に距離1」の移動は点 $(1,1)$ から点 $(2,1)$ へであっても、点 $(2,3)$ から点 $(3,3)$ へであっても、同じ「移動」として扱う。つまり、図1-21の $\vec{a}$ と $\vec{b}$ とは、見かけは異なっているが、ベクトルとしては同じ、とみなす。すなわち、

$\vec{a} = \vec{b}$

ということである。このように、「**何と何とを同一視するか**」ということが、**数学ではしばしば非常に本質的なこと**となる。本書でも、このような「同一視」は第6章で詳しく論じるので、心に留めておいてほしい。

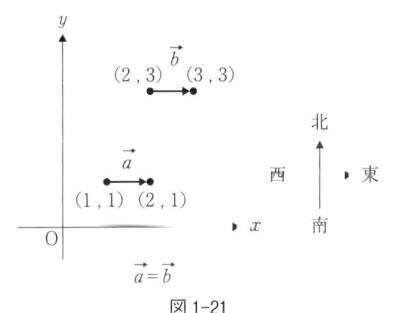

図 1-21

バクトルの加減

平面ベクトルの足し算の定義は、気球の例と同じにできる。⑪の解釈でも⑫の解釈でも可能だが、ここでは⑫の解釈を採用しよう。

たとえば、東方向に1の距離の移動を平面ベクトル $\vec{a}$、南方向に1の距離の移動を平面ベクトル $\vec{b}$ とすれば、$\vec{a}+\vec{b}$ は、「東方向に1の距離移動したあと、南方向に1の距離の移動をする移動」と定義すればいい。図 1-22 を見ればわかるように、これは（直角二等辺三角形であるから）「南東の方向への $\sqrt{2}$ の距離の移動」を表す $\vec{c}$ と等しくなる。すなわち、

$$\vec{a}+\vec{b}=\vec{c}$$

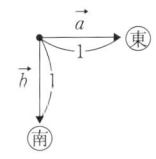

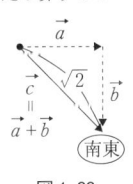

図 1-22

移動距離だけに注目するなら，絶対値をつけることによって，
$$|\vec{c}| = |\vec{a}+\vec{b}| = \sqrt{2}$$
が成り立つ。

　足し算をこのように定義すれば，数と同様，
$$\vec{a}+\vec{b}=\vec{b}+\vec{a}, \quad (\vec{a}+\vec{b})+\vec{c}=\vec{a}+(\vec{b}+\vec{c})$$
が成り立つ。前者は，「足し算の左右を入れ替えても結果が同じ」という交換法則を，後者は，「3つの足し算はどこを先にやってもよい」という結合法則を表している（各自，図を描いて，確認せよ）。

　引き算も，通常と同様に，「足し算の逆演算」として導入することができる。たとえば，図1-23で，$\vec{c}-\vec{b}$ を意味する平面ベクトルは「$\vec{b}$ に足し算して $\vec{c}$ になる移動」と定義すれば，$\vec{c}-\vec{b}=\vec{a}$ となる。

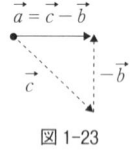

図1-23

　面白いのは，平面ベクトルにマイナス記号をつけたものを，**反対方向への同じ距離の移動**」と解釈すると，「引き算」と整合的な計算が得られることだ。たとえば，$(-\vec{b})$ を「北方向への距離1の移動」と解釈すれば，$\vec{c}+(-\vec{b})$ は，「南東方向への $\sqrt{2}$ の距離の移動のあと，北方向へ1の距離の移動をする」となって，それは結局「東方向への1の距離の移動」を意味するから，$\vec{c}+(-\vec{b})=\vec{a}$ となって，引き算 $\vec{c}-\vec{b}$ の結果とつじつまがあう。ここに来て，負数というのが「逆方向」を表すものであることが，直接的に役立ったわけだ。

　さらには，文字式と同じように，$\vec{a}+\vec{a}$ を $2\vec{a}$（$2\times\vec{a}$ の省

略形）と表すことにすれば，（整数）×（平面ベクトル）という計算が定義できる。そして，$2\vec{a}=2\times\vec{a}$ を「$\vec{a}$ と同じ方向への2倍の距離の移動」ととらえれば，それはまるで $\vec{a}+\vec{a}$ と同じ意味になるのである（図1-24）。

同じように考えれば，任意の実数 α に対して，$\alpha\times\vec{a}$ を定義可能だ。α が正のときは「$\vec{a}$ と同じ方向への α 倍の距離の移動」，負のときは，「$\vec{a}$ と反対の方向への $|\alpha|$ 倍の距離の移動」ということにする。この（実数）×（平面ベクトル）についても，次の代数法則が成り立つ。

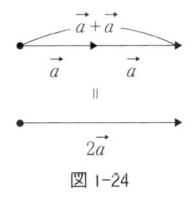

$$\alpha(\vec{a}+\vec{b}) = \alpha\vec{a}+\alpha\vec{b},\ (\alpha+\beta)\vec{a} = \alpha\vec{a}+\beta\vec{a}$$

図 1-24

前者は，ベクトルの和に実数 α を掛けたものが，それぞれに α を掛けてから足したものと同じであること，後者は，実数の和にベクトルを掛けるのと，各実数にベクトルを掛けてから足すのとが同じであることを意味している。これらの法則を見ると，（実数）×（ベクトル）は非常に自然な代数法則を備えていることが見てとれるだろう。

以上のようなベクトルの定義は，もちろん，3次元でも可能である。3次元空間の移動を表すベクトルを「**空間ベクトル**」と呼ぶ。

平面ベクトルの最も重要な応用先は，物理学における「力学」である。物理学では，物体の運動を説明するために「力」という概念が導入される。力は，「**方向**」と「**大きさ**」をもった量で，ベクトルを使うと見事に表現することができる。

第1章　ピタゴラスの定理からはじまる冒険　045

たとえば，図 1-25 のように，物体に東方向に 1 ニュートンの力を及ぼすことを $\vec{a}$ という平面ベクトルで，南方向に 1 ニュートンの力を及ぼすことを $\vec{b}$ という平面ベクトルで表すとしよう（ここでニュートンとは，物理で使われる力の単位で，1 ニュートンはおよそ 100 g の物体にかかる重力と同じ大きさである）。この物体に $\vec{a}$ の力と $\vec{b}$ の 2 つの力を同時に及ぼすことと，$\vec{a}+\vec{b}$ という 1 つの力，すなわち「南東の方向に $\sqrt{2}$ ニュートンの力」を及ぼすことは同じであることが力学法則として知られている。これを「**合力**」といい，2 つの力の合力を作ることを「**力の合成**」という。「力の合成は，ベクトルの和」ということである。

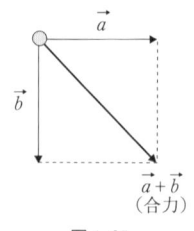

図 1-25

†ベクトルと座標は結びつく

平面ベクトルは，「移動」を一種の「数」とみなしたものだが，もしもそれだけだったら，あまり役に立たなかったかもしれない。平面ベクトルは，「座標」と併せて使うことによって，パワーを発揮できるのである。

「東へ 1，南へ 1」という平面ベクトル $\vec{c}$ を，座標平面で表現するなら，「x 軸方向正の方向へ 1，y 軸方向負の方向へ 1 の移動」であるから，$(1, -1)$ と書けばよさそうだ。ただ，これだと座標平面上の点と「移動」を表す平面ベクトルとが同じ表現になって，区別できなくなってしまうので，縦に書く記法，

$$\vec{c} = \begin{pmatrix} 1 \\ -1 \end{pmatrix}$$

を使うのが一般的だ。このように表現されたベクトルを「**数ベクトル**」と呼ぶ。ベクトルの足し算，引き算，実数倍を，数ベクトルに写し取ると，

$$\begin{pmatrix} a \\ b \end{pmatrix} + \begin{pmatrix} c \\ d \end{pmatrix} = \begin{pmatrix} a+c \\ b+d \end{pmatrix}$$

$$\begin{pmatrix} a \\ b \end{pmatrix} - \begin{pmatrix} c \\ d \end{pmatrix} = \begin{pmatrix} a-c \\ b-d \end{pmatrix}$$

$$\alpha \begin{pmatrix} a \\ b \end{pmatrix} = \begin{pmatrix} \alpha a \\ \alpha b \end{pmatrix}$$

となる。要するに，数ベクトルの計算は，結局，各段それぞれで通常通りの計算をすればいい，ということだ。足し算と実数倍を図示しておこう（図1-26）。

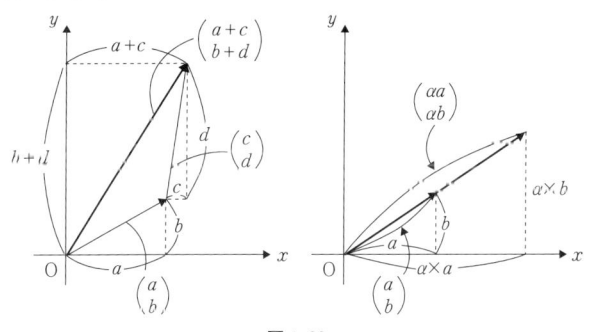

図1-26

数ベクトルは足し算，引き算，実数倍などの計算ができるので，2つの数をペアにした，いわば「**2次元の数**」だと理解できる。こんなことをすることがいったい何の役に立

つのか，といぶかる人もおられるだろうが，実に役に立つのである。簡単にいうと，数ベクトルの計算は，「並行計算」を単純に表現できる，ということである。

たとえば，大人2人と子供3人がテーマパークに行くとする。テーマパークでは，入場料は大人a円，子供c円である。また，乗り物料金は大人b円，子供d円とする。このとき総額いくらかかるかを計算したい。すると，入場料と乗り物料金で，全く同一の計算が行われることに注目しよう。すなわち，大人分には2を掛け，子供分には3を掛け，足し算する，ということである。実際，入場料金は$2\times a+3\times c$と計算され，乗り物料金は$2\times b+3\times d$となる。このように同じ計算が施されるなら，この並行計算は，いっしょに処理できたほうが便利に違いない。すなわち，入場料金と乗り物料金をペアにした数ベクトルを次のように定義するのである。

$$\text{大人用ベクトル} = \begin{pmatrix} a \\ b \end{pmatrix}, \quad \text{子供用ベクトル} = \begin{pmatrix} c \\ d \end{pmatrix}$$

このように表現すれば，大人の人数と子供の人数が決定したらすぐに，総料金の並行計算が可能となる。すなわち，

$$\begin{pmatrix} \text{入場料金} \\ \text{乗り物料金} \end{pmatrix} = 2\begin{pmatrix} a \\ b \end{pmatrix} + 3\begin{pmatrix} c \\ d \end{pmatrix} = \begin{pmatrix} 2a+3c \\ 2b+3d \end{pmatrix}$$

世の中には，こういう並行計算が必要な場面はやまほどある。それを数学的に表現できてしまうから，ベクトルというのはとても役立つのである。こうして数学者は「**数の高次元化**」に成功したのだ。もちろん，空間ベクトルは，

3つの数を縦に並べた組で表されることになり，足し算，引き算，実数倍も全く同様の法則を持つ。

✝ベクトル×ベクトルをどう定義するか

前節では，ベクトルに実数を掛けること，すなわち，実数×ベクトルは「延長」として定義された。しかし，ベクトル同士の掛け算も，定義次第ではきっと役立つに違いない。そこで，次はベクトル同士の掛け算をどう定義すべきかを考えよう。

実は，(ベクトル)×(ベクトル)には複数の定義の仕方があり，それぞれに固有の代数世界を生み出す。(ベクトル)×(ベクトル)の結果がベクトルになるものも定義できるし，ベクトルでなく実数になる場合の定義も可能だ。また，どちらにも，複数の定義の仕方があり，用途によって使い分ける。とくに，2次元ベクトルを2つ掛け算したい場合には，内積と交代積（行列式）がある。また，3次元ベクトルを2つ掛け算したい場合には，内積と外積がある。この節では，2次元ベクトルの場合の内積を解説する。

まず，ざっくりと内積というものの計算方法を与えてしまおう。なんで，こんな計算をするかは，順を追って説明する。

【ベクトルの内積の定義】

2つの平面ベクトル $\vec{a} = \begin{pmatrix} a \\ b \end{pmatrix}$ と $\vec{b} = \begin{pmatrix} c \\ d \end{pmatrix}$ に対して，

$ac + bd$ を内積と呼び，$\vec{a} \cdot \vec{b}$ で表す。すなわち，

$$\vec{a}\cdot\vec{b} = \begin{pmatrix}a\\b\end{pmatrix}\cdot\begin{pmatrix}c\\d\end{pmatrix} = ac+bd$$

具体例を挙げるなら、たとえば、次のようだ。
$$\begin{pmatrix}2\\3\end{pmatrix}\cdot\begin{pmatrix}4\\5\end{pmatrix} = 2\times 4+3\times 5 = 23$$

ベクトルとベクトルの内積は、ベクトルではなく数になることに注意しよう。

さて、この計算の意味を見出すために、「数ベクトルの直交条件」を求めてみる。今、2つの平面ベクトル$\vec{a}=\begin{pmatrix}a\\b\end{pmatrix}$と$\vec{b}=\begin{pmatrix}c\\d\end{pmatrix}$とが「移動」として直交している、としよう。このとき、4数a,b,c,dの間には、どんな関係式が成り立つだろうか。結論を先にいうと、

　　$ac+bd = 0$

が成り立つのである。証明は、これまた「ピタゴラスの定理」の応用だ。図1-27を見よう。$\vec{a}$は原点$\mathrm{O}(0,0)$から$\mathrm{A}(a,b)$までの移動を表し、$\vec{b}$は原点$\mathrm{O}(0,0)$から$\mathrm{B}(c,d)$までの移動を表すから、この2つの移動方向が直角となっているということは、三角形OABにおいて$\angle\mathrm{AOB}=90°$ということ。ピタゴラスの定理から、

　　$\mathrm{OA}^2+\mathrm{OB}^2 = \mathrm{AB}^2$　　…⑭

となる。この3つの平方を、それぞれ直角三角形OAP, OBQ, ABRに対するピタゴラスの定理を利用して計算すれば、

　　$\mathrm{OA}^2 = a^2+b^2,\ \mathrm{OB}^2 = c^2+d^2,$

図 1-27

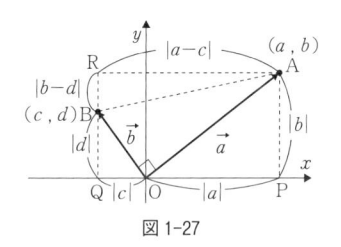

$$AB^2 = (a-c)^2 + (b-d)^2$$

となる。これを⑭に代入すれば，

$$a^2+b^2+c^2+d^2 = (a^2+c^2-2ac)+(b^2+d^2-2bd)$$

が得られる。右辺の各項を左辺に移項し，両辺を 2 で割れば，

$$ac+bd = 0$$

となる。これで証明が終わった。

　つまり，2つの数ベクトルが直交するかしないかを知りたかったら，「数ベクトルの上の段の数の積と下の段の数の積との和」$ac+bd$ を計算してこれがゼロになるかどうかを見ればいい，ということなのだ。これを考えると，**$ac+bd$ という計算がベクトルにとって特別な意味合いを持っている**，ということが推測されるだろう。そこでこの計算を，(ベクトル)×(ベクトル) の一種，つまり内積として定義するのである。以上の結果をまとめよう。

【内積と直交】
　$\vec{a}$ と $\vec{b}$ が直交する場合，内積 $\vec{a} \cdot \vec{b} = 0$

第 1 章　ピタゴラスの定理からはじまる冒険　051

ベクトルの内積は，3次元以上でも全く同様に定義される。このような高次元のベクトルの計算は，もともとはアイルランドのハミルトンという人が「四元数」という数を1843年に発見したことに端を発する。ハミルトンは多くの重要な数学的業績をあげたが，晩年はアルコール中毒になって悲惨な死に方をした。部屋にはたくさんの謎の計算が書かれた紙きれが散乱しており，その中の多くの数式はいまだに意味が未解明のままだそうだ。

　また，同じ頃，プロシア（現在のポーランド）のグラスマンという数学者も高次元ベクトルの研究を完成させているが，ほとんど注目されずに一生を終えた。さらには，フランスのサンヴナンという数学者も同時期にほぼ同じ内容の発見をしている。このように高次元の数ベクトルの考え方は，18世紀前半に機が熟し，同時多発的に考え出されたのだ。

　数学は，1人の天才によって刷新されることもあるが，このように時代の要請の中で多くの数学者によって共振的に開拓されていくことも多い。

†内積の背後にコサインの影

　内積 $\vec{a}\cdot\vec{b}$ は，$\vec{a}$ と $\vec{b}$ が直交する移動方向であるときに $\vec{a}\cdot\vec{b}=0$ となるように定義されたわけだが，直交でない場合にはどんな意味を持つのだろうか。実際，直交の場合にしか意味がないなら，広く応用できるような計算方法とはならない。

　それを知るには，直交条件を導いた計算における「ピタ

ゴラスの定理」を，23ページで解説した「**余弦定理**」に置き換えるだけでいい。図1-28を見よう。

$\vec{a} = \begin{pmatrix} a \\ b \end{pmatrix}$ と $\vec{b} = \begin{pmatrix} c \\ d \end{pmatrix}$ について，$\vec{a}$ は原点 $O(0,0)$ から $A(a,b)$ までの移動を表し，$\vec{b}$ は原点 $O(0,0)$ から $B(c,d)$ までの移動を表すとする。$\angle AOB = \theta$ として，三角形 OAB に余弦定理を使おう。

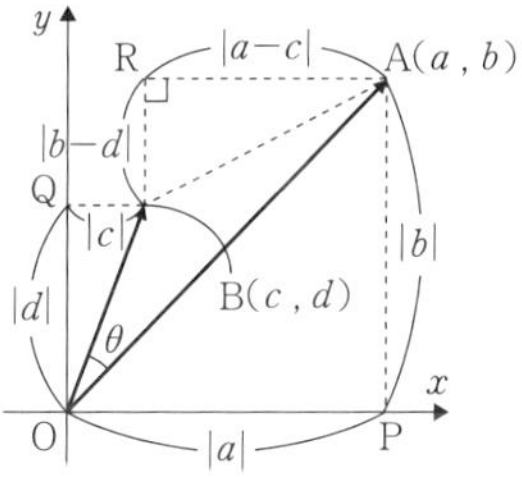

図1-28

$$AB^2 = OA^2 + OB^2 - 2 \times OA \times OB \times \cos\theta \quad \cdots ⑮$$

他方，直角三角形 OAP, OBQ, ABR に対するピタゴラスの定理によって，

$$OA^2 = a^2 + b^2,$$
$$OB^2 = c^2 + d^2,$$
$$AB^2 = (a-c)^2 + (b-d)^2$$

であるから，これを⑮式に代入すれば，

$$\begin{aligned} &2 \times OA \times OB \times \cos\theta \\ &= (a^2+b^2) + (c^2+d^2) - \{(a-c)^2 + (b-d)^2\} \\ &= 2(ac+bd) = 2(\vec{a} \cdot \vec{b}) \quad \cdots ⑯ \end{aligned}$$

よって，

$$\vec{a} \cdot \vec{b} = OA \times OB \times \cos\theta$$

以上から，次の公式が得られる。

【内積の図形的な意味】

$\vec{a}$ は原点 $O(0,0)$ から $A(a,b)$ までの移動，$\vec{b}$ は原点

O(0,0) から B(c,d) までの移動とし，∠AOB=θ とするとき，
$$\vec{a}\cdot\vec{b} = \mathrm{OA}\times\mathrm{OB}\times\cos\theta \quad \cdots ⑰$$

言葉でいえば，ベクトルの内積とは，ベクトルそれぞれの移動距離の積に「間の角のコサイン」を掛けたもの，ということ。これをベクトルの長さを表す絶対値記号を使って書き直すなら，次のようになる。
$$\vec{a}\cdot\vec{b} = |\vec{a}||\vec{b}|\cos\theta \quad \cdots ⑱$$

†内積と正射影と力学との関係

ここで，内積の公式⑰の図形的な意味を考えておこう。22ページにおいて，「**コサインとは正射影の倍率**」ということを説明した。このことを利用すると公式⑰の図形的意味がはっきりする。

今，$\vec{b}$ を $\vec{a}$ 上に正射影したもの，つまり，$\vec{a}$ 上に影を落としてできる線分を考える（図1-29）。この正射影の（符合付き）長さが，$\mathrm{OB}\times\cos\theta$ となるのだった。したがって，公式⑰は次のようにも書き換えられる。

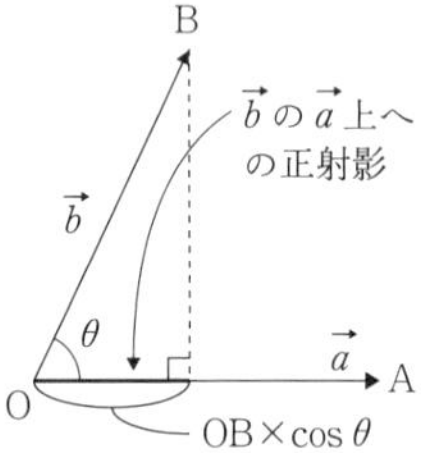

$$\begin{aligned}\vec{a}\cdot\vec{b} &= \mathrm{OA}\times\mathrm{OB}\times\cos\theta \\ &= \mathrm{OA}\times(\vec{b}\text{の}\vec{a}\text{上への正射影の符号付き長さ})\end{aligned}$$

図1-29

内積がこのような正射影という図形的性質を持っているため，内積は物理学では重要な役割を担うこととなる。それは，「**仕事**」という物理量を計算できるからだ。

図1-30の上のように，力Fを物体に与えて距離xだけ物体を動かしたとき，物体になされた仕事は$F \times x$となる。このように力の方向と運動の方向が一致している場合には，そのままの掛け算となる。仕事$F \times x$は，物体の運動速度が速くなることを通じて，物体の（運動）エネルギーの変化となって表れる。つまり，「仕事」とは運動エネルギーを生み出しうる能力のことなのである。

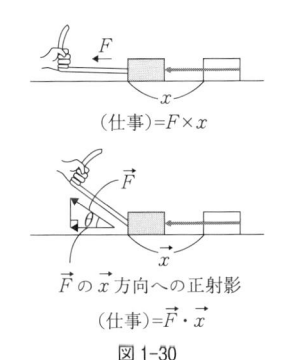

　しかし，図1-30の下のように物体に与えられる「力」の向きが進行方向と　致しない場合には，「仕事」は次のような計算に修正されなければならない。すなわち，物体に与える「力」をベクトル$\vec{F}$とすると，力の物体の進む方向$\vec{x}$への正射影の（符合付き）長さがちょうど進行方向への力の成分となるので，内積で表現できる。すなわち，

　「仕事」＝（力の進行方向成分）×（移動距離）＝$\vec{F} \cdot \vec{x}$

このように，内積は物理学でもまた，非常に基本的な計算となる。物理学の「力」をベクトルで表すと，ベクトルの和や実数倍や内積は，物理学的に特有の意味を持つようになり，力学現象を表現したり分析したりすることに有効に利用できる。

　実は，ベクトルは，もっといろいろな分野に応用できる。物理学でいえば，相対性理論にも，量子力学にも使われる。また，統計学にも使われる。さらには，経済学でも欠かせ

ない道具である。

　とくに，今まで解説した内積と代数的に同じ性質を持つ計算が定義されたベクトルの空間を,「ヒルベルト空間」という。ヒルベルトとは，19世紀から20世紀にかけて活躍した数学者の名前であり，このような普遍的な空間を考え出した人である。大胆にいえば，ヒルベルト空間というのは，ピタゴラスの定理を最も抽象化した世界だということになる。

　ヒルベルト空間には，さまざまな普遍的に成り立つ性質があり，ヒルベルト空間であるならば，共通の方法で分析を繰り広げられるから，量子力学や工学や経済学の最も重要な部分を表現するのに最適なのである。詳しく解説はできないが，量子力学と工学と経済学に全く共通の法則が存在するのである。これこそがまさに，高次元代数の面目躍如といっていい。

　これで，ピタゴラスの定理から出発した長い旅は終了である。

第 2 章

関数から
はじまる冒険

†関数とは，世界の法則を記述するもの

わたしたちのこの世界，つまり，自然や社会には，「規則」とか「法則」とかがやまほどある。わたしたちは，規則に従いながら社会生活を送り，自然法則を巧みに利用して暮らしを豊かにしている。

「規則」や「法則」は，たいがい目には見えないが，数学を使うと明確に表現できる。このことに気がついたのが，17世紀の数学者であるニュートンとライプニッツだった。ニュートンはご存じのように，万有引力の法則を基礎にして，力学を生み出したイギリスの数学者・物理学者だ。また，ライプニッツは，2進法の原理を発見したドイツの哲学者・数学者である。2人はどちらも，次章のテーマとなる「微積分」の発見者となった。このことは同時に，「規則」や「法則」を表す「関数」の創案者であることも意味している。

20世紀に，関数の考え方を下敷きにして，コンピュータ言語が発明されたことが，わたしたちの暮らしを劇的に変えることとなった。21世紀の現在，インターネットで世界中がつながり，情報が瞬く間に駆けめぐる。こういうことを可能にしているのは，関数の方法論だと言っても過言ではない。

関数とは，「**1つの量xを別の量yと結びつける仕組み（システム）**」のことだ。

わたしたちの世界では，2つの量がなんらかの理由で関連づけられている。それは，「原因と結果」だったり，「1つの単位の別の単位への変換」だったり，あるいは「時間の

経過に関連する変化」だったりする。2つの量の関連性には,「確定的な法則」と「統計的な法則」とがある。「確定的な法則」とは,一方の量を決めれば,それが結びつけられる他方の量が決まってしまうものである。たとえば,x分をy秒と変換するときは,xに対してyは1つに決まる(yはxに60を掛けた数)。他方,「統計的な法則」とは,「……の傾向がある」とアバウトに表される法則である。第1章で紹介した「貯蓄率xパーセントの国の1人あたり所得yドル」がそれにあたる。xを決めてもyは確定しないが,「xが大きくなるとyはおおよかには大きくなる」というアバウトな法則性がある,ということだ。

　関数というのは,「確定的な法則」を記述するものである。それらの「確定的な法則」は,量xから量yを計算する多項式のような簡単な式で表せる場合もあるし,既存の式では表すことができず新しい記号を必要とする場合もあるが,数学の形式を使えばどれもが簡明に記述することができるのである。

† **関数とは,「数」ではなく「仕組み」のこと**

　わたしたちが毎日接する最も典型的な関数は,「商品の購入量と支払い金額の関連」を表す関数だろう。たとえば,1個100円のペットボトルのジュースをx本買うときの支払い金額を(税を考えずに)y円とするなら,xとyは関連づいた量,規則のある量,となる。それは,言葉でいうなら「xに100を掛け算した結果がyとなる」という関連・規則である。そして,式で書くと,

$$y = 100x$$

と表される。

　ここで注意しておきたいのは、「関数」と呼ぶからといって、決して「**数**」**のことではない**、ということだ。だから、「$y=100x$」という式において、関数とは100のことでもxのことでもyのことでもない。では何のことかというと、非常に抽象的な言い方で申し訳ないが、「xに100を掛ければyになる」というその「**仕組み（システム）自体**」のことなのである。

　そもそも、「関数」という言葉の語源は、「数」とはなんら関係がないそうだ。「関数」を意味する英語 function が、中国に輸入されるときに発音を踏襲して「函数（ハンシュウ）」と訳され、それをそのまま輸入した日本は、その後に当用漢字として「関数」と直したことで今の形になったにすぎない。function は「機能」「働き」を意味する言葉だから、本来の関数の意味そのものといっていいが、それが言葉の輸入の過程で意味を失ってしまったとのことである。

　関数をイメージするには、次のような図式化を使うとよい（図2-1参照）。外から量xが入ってくると、それをある規則（100を掛けるという規則）で量yに変化させる、そういう仕組み自体が関数なのである。

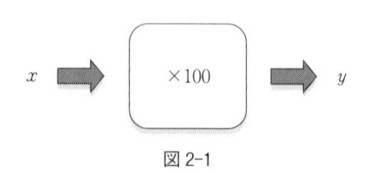

x ⇒ ×100 ⇒ y

図 2-1

†文字式って何だろう

　関数を理解するためには，その前に，「文字式とは何か」ということをおさらいしておくほうがよい。文字式は，中学1年生で習うが，中学生が最もつまずきやすいものである。たとえば，

$$\frac{x+1}{2} - \frac{2-x}{3}$$

のような計算を練習させられるのだが，計算規則が複雑な上，「なぜ，こんなことが必要なのか」が説明されないので，多くの子供がアレルギーを発症して，落ちこぼれてしまう。

　それでは，文字式とはいったい何だろうか。$4x+2x$という文字式を例にとって説明しよう。これは「アルゴリズム（計算手順）」を表している，と考えられる。たとえば，生徒を合宿に連れて行くとして，1人あたり宿泊費が4万円，食費が2万円とする。このとき，総費用は，生徒3人なら，宿泊費$4×3$万円と食費$2×3$万円で，合計$4×3+2×3=18$万円となる。また，生徒が10人なら，宿泊費$4×10$万円と食費$2×10$万円で，合計$4×10+2×10=60$万円となる。ここで，注意すべきなのは，どちらの計算も同じ「手順」になっている，ということである。すなわち，$4×(人数)+2×(人数)$となっている。であるから，生徒の人数を抽象的にxという文字で表してしまうなら，総費用の計算は，$4×x+2×x$となる。「×を省略できる」と約束すれば，この計算こそがまさに，$4x+2x$ということなのである。

第2章　関数からはじまる冒険　061

つまり、人数が違っても行うべき計算の手順は同じなので、その手順を抽象的に表現したものが、$4x+2x$、という文字式だということになる。だから、この式は漫然と眺めてはダメで、「与えられた数をxとするなら、それに4を掛けた値を計算し、別にそれに2を掛けたものを計算し、そして合計せよ」という計算手順を教える式だと理解すべきなのである。このような計算手順のことを一般に「アルゴリズム」と呼ぶ。「アルゴリズム」とは、9世紀前半に活躍したイスラムの数学者アル・フワーリズミーに由来する言葉であり、今ではコンピュータ・プログラミングで計算手順を表す言葉として定着している。文字式とは、アルゴリズムのことであり、文字式を見たら、それを見たままに受け取るのではなく、「それがどんな手順を意味しているか」、を読み取らなければならない。

ちなみに、文字式の計算規則を学ぶと、

$4x+2x = (4+2)x = 6x$

と計算できる（図 2-2）。

これが意味するのは、さきほど説明した$4x+2x$が表す「与えられた数をxとするなら、それに4を掛けた値を計算し、別にそれに2を掛けたものを計算し、そして合計せよ」という手順は、「与えられた数をxとするなら、それを6倍せよ」という手順と同一であることがわかる。つまり、文字式の

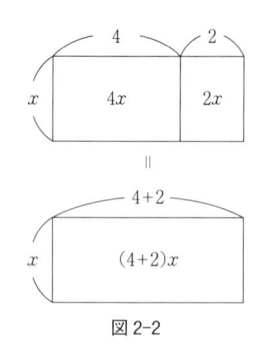

図 2-2

計算というのは、手順をもっと簡単にすることで、いわゆる「アルゴリズムの簡易化」のことなのである。

　文字式をアルゴリズムと理解することの利点はいろいろある。

　たとえば、「代数法則の証明を可能にする」というのがそのひとつである。たとえば、「奇数と奇数を足すと偶数になる」という一般法則が正しいことを示したいとしよう。この場合、$1+5$ は 6 とか、$3+9$ は 12 とか、いくら例をあげつらっても、それは証明にならない。奇数は無限にあるのだから、例にあげていない中に反例が存在するかもしれない。しかし、次のように文字式を利用すれば、完全な証明ができる。すなわち、奇数は x を 0 以上の整数として $2x+1$ と表すことができる。したがって、2 つの奇数を $2x+1$ と $2y+1$ と表せば（ただし、x と y は 0 以上の整数）、その和は $(2x+1)+(2y+1)=2x+2y+2$ となる。これは $2(x+y+1)$ と書けるので、2 の倍数だから偶数である。このようにすれば、特定の奇数ではなく、任意の（すべての）奇数に対して、いっぺんに示されたことになるのである。つまり、文字式は「普遍性」を表現することができる。

　文字式の利点は、それが自然界や社会に一般的に成り立つ法則・規則を表現することができる、ということである。たとえば、2 つの温度の表し方、摂氏と華氏（英米で使われている温度の単位）について、「華氏から 32 を引いて 9 分の 5 倍すれば摂氏」という規則が存在する。このことは、華氏 $x°\mathrm{F}$ と摂氏 $y°\mathrm{C}$ が同じ温度とすれば、文字式を使って、近似的に

$$y = \frac{5}{9}(x-32)$$

と明快に表すことができる。これは、先ほどの華氏を摂氏に変換する「手順」を式表現しているのである。同様に、x°Cの空気中の音の速さを秒速yメートルとするなら、

$$y = 0.6x + 331.5$$

となる。これは「温度に0.6を掛けて331.5を加えなさい。そうすれば、その温度での空気中を進む音の秒速となりますよ」という法則を示していることになるのである。

このような文字式が持つ「一般規則を表現する形式」をさらに抽象化したものが「関数」なのである。

†関数を表現するライプニッツ記号

一般的な規則や法則を表す関数は、前節のような単純なものとは限らない。たとえば、「Aさんが生まれてからx年経過したときの身長yメートル」などは、既存の式で書くことは不可能だろう。

そこで、このような既存の式では表せないような規則や法則を含めて表記するために、ライプニッツが発明したのが、「**関数記号 $f(\quad)$**」であった。それは、先ほどの図式の「×100」のところを、規則や法則をラベル付けした「f」に変えて、外から量xが入ってくると、それをある規則fによって量yに変化させる、そう理解するのである。

先ほどの例で言えば、Aさんの生まれてからの年月x年が入ってくると、それをその時期のAさんの身長yメートルに変換する規則が$f(\quad)$だとみなすわけだ(図2-3

参照)。

ここで,「量 x を規則 $f(\ )$ で変換して出てくる量」を $f(x)$ という記号で表す。Aさ

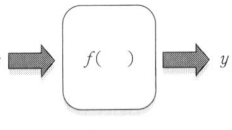

図2-3

んの年齢と身長の例でいうと,$f(1)$ が1歳のときの身長,$f(15)$ が15歳のときの身長,という具合になる。なので,この記号を使うなら,「量 x を規則 $f(\ )$ で変換すると量 y になる」ということは,$y=f(x)$ と単純に書くことができ,どんな複雑な仕組みの規則や法則も,g や h やはたまた cos などのラベル付けを使って,$y=g(x)$ とか $y=h(x)$ とか $y=\cos(x)$ などと,簡明に表すことが可能となる。ただし,最後の $\cos(x)$ については,22~23ページで解説したように,(歴史的な経緯から)カッコを省略して,$\cos x$ と書く習わしとなっている。

これらの関数を表す記号は**ライプニッツ記号**と呼ばれる。ライプニッツとは,17世紀の数学者であり,次章で解説するように,ニュートンと同時に微分積分を発見した天才の名前だ。

逆に,式によってライプニッツ記号を定義することもできる。たとえば,先ほどの,x°C の空気中の音速を秒速 y メートルとするなら,関数 $y=v(x)$ は,

$v(x) = 0.6x + 331.5$

によって定義できる。これは**1次関数**の例である。

また,「空中で手を離して物体を自然に落下させたとき,物体が重力によって x 秒間に落下する距離を y メートル」とし,この関数を $y=h(x)$ と表すなら,近似的に,

$$h(x) = 4.9x^2$$

と表せることが知られている。これが**2次関数**の例である。

†関数の演算でもっと複雑な関数を作る

　数同士に四則計算が定義できるのと同じく、関数同士にも演算（計算）を導入することができる。

　たとえば、関数$f(x)$と関数$g(x)$の和としての関数$h(x)$は、$h(x)=f(x)+g(x)$、と定義される。この「和の関数」$h(x)$は「量xを規則$h(x)$で変化させるとは、xを規則$f(x)$で変化させ、他方で規則$g(x)$で変化させ、その結果を足すこと」という意味になる。たとえば、秒速2メートルで空中に真上に打ち上げた物体は、x秒間に空に向かって$f(x)=2x$メートルだけ進もうとする運動と、重力によって$g(x)=-4.9x^2$だけ進もうとする（落ちようとする）運動の和によって、x秒後の高さが、

$$h(x) = f(x)+g(x) = 2x-4.9x^2$$

という「関数の和」で表される。

　同様にして、2つの関数$f(x)$と$g(x)$の差、積、商もそれぞれ、$f(x)-g(x), f(x)\times g(x), f(x)\div g(x)$と自然に定義される。

　これらは、数計算でいえば四則計算にあたるが、関数には数計算にはない独特の演算が存在する。それは、「**関数の合成**」と呼ばれる演算だ。

　「関数の合成」とは、複数の関数を「つなぐこと」である。具体的に言うと、関数$f(x)$と関数$g(x)$の合成とは、「量

x を規則 $f(x)$ で量 y に変化させ，次に量 y を規則 $g(y)$ で z に変化させる」ことをひとつながりの規則 $h(x)$ とみなしたもののことである。

図式で描くと，図 2-4 のようになる。

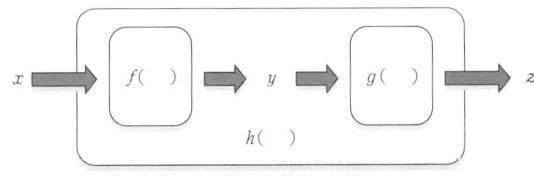

図 2-4

式で書くなら，左側が $y=f(x)$，右側が $z=g(y)$ であるので，後者の y を前者の $f(x)$ で置きかえれば，

$z = g(f(x))$

となる。この関数の合成は，

$h = g \circ f$

と記されることも多い（$h(x)=g \circ f(x)=g(f(x))$ ということ）。関数の合成は，いくつでもつなぐことができる。たとえば $h \circ (g \circ f)$ という 3 つの合成関数は，単に，$h(g(f(x)))$ という 3 重の入れ子になった関数にすぎない。

このような**多重の合成関数こそが，「世界の成り立ち」を表現する最も重要な道具**だといえる。なぜなら，どんなに複雑に見える現象も，つきつめれば，多数の規則をつないだものとして表現できるからだ。たとえば，「自動車がどのくらいの費用でどのくらい走行するか」を考えるなら，

[費用] → [ガソリンの量] → [エンジンの回転数]

　　　　→［走行距離］

と3種類の変換規則（→）をつないだものと分解して考えればいい。このように，自然や社会を取り巻く複雑な規則・法則を明らかにするには，それをいくつかの単純な関数たちの合成関数としてとらえて，それらに分解して，個々のパーツで分析すればいいのである。第1章で座標の発明者とした紹介した17世紀の数学者・哲学者デカルトは，「困難は分割せよ」と言ったそうだが，関数を合成関数に分解して考えるのは，まさにこの思想にかなったことである。

† 比例関数こそ，基本中の基本

　関数の中で最も基本的なものは「比例関数」である。比例関数というのは，たとえば，$f(x)=3x$ のような（定数）$\times x$ という形の関数だ。$f(x)=3x$ は「x に数をインプット（入力）すると，それを3倍にした数をアウトプット（出力）する働き」を意味する。$f(x)$ を y と書いて，$y=3x$ と表せば，xy 平面にグラフを描くことができる。

　比例関数のグラフを座標平面に描いたものが図2-5だ。このグラフには2つの大きな特徴がある。第一は，「**グラフが直線**」ということ。第二は，「**その直線は原点を通る**」ということ。

　このような比例関数の「数を計算するシステム」としての特筆すべき性質

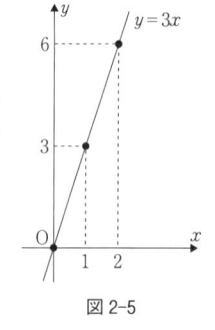

図2-5

は次のものである。

「インプットする x が k 倍になれば，アウトプットする y も k 倍になる」

まさにこれが，この関数が「比例」と呼ばれるゆえんなのである。関数記号で表現するなら，

$$f(kx) = kf(x)$$

ということである。このことを比例関数 $f(x)=3x$ で確認してみよう。この比例関数の x に a をインプットするとアウトプット $f(a)$ は $3×a$ となる。他方，x に a の k 倍である ka をインプットすれば，アウトプットする $f(ka)$ は $3×(ka)$ だが，これは $3×(ka)=k×(3a)$ と変形できるから，アウトプットもちゃんと k 倍になる。

この性質は，上記で説明したグラフの性質「グラフは原点を通る直線だ」と表裏の関係にある，といっていい。相似形と関係するのである。

図2-6を見てみよう。

グラフ上に点 $P(a,3a)$ があることは，比例関数 $y=3x$ の x に a をインプットすると，y として $3a$ がアウトプットされることを意味する。つまり，x 軸上の数 a の点 $H(a,0)$ から垂線を立てるとグラフ上の点 P と交わる，ということだ。ここで，インプットを k 倍にするということは，数 ka に対応する x 軸上の点 $K(ka,0)$ から垂線を立ててグラフとの交点 Q を作ることを意味し，相似形の原理から，QK

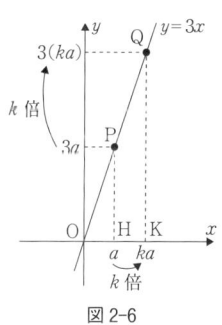

はPHのk倍の長さとなる。つまり，アウトプットであるyの値（y座標）もk倍になる，ということだ。このことが，**比例関数は相似形の原理と表裏の関係を持っている**，ということなのである。

比例関数の実用例は，世の中にやまほどある。

冒頭の「1個100円のペットボトルのジュースをx本買うときの支払い金額を（税を考えずに）y円とする」ときの，

$$y = 100x$$

が典型的なものである。購入代金が比例関数だから，「買う数をk倍にすると代金もk倍になる」という性質が成り立つ。あたりまえといえば，あたりまえである。

もうひとつ例を挙げるなら，「自動車が時速60キロメートルでx時間走ったときの走行距離をyキロメートル」とすれば，xとyの関係は比例関数

$$y = 60x$$

で表される。このように，比例関数は世の中の隅々まで，その仕組みに関わる基本的な関数だといえるのである。

†携帯通話料金を使って1次関数を復習しよう

比例関数の次に重要なのは，1次関数である。1次関数というのは，

$$f(x) = ax + b$$

という形の関数で，「インプットされた数xを定数倍し，定数を足してアウトプットする仕組み」のものだ。これは，比例関数$f(x)=ax$に定数項bが加えられている，と

見ればよい。

わたしたちの生活に最も身近な1次関数として、携帯電話の通話料金が挙げられる。一般に、通話料金というのは、「1カ月の基本使用料」と「単位時間あたりの通話料」から成る。典型的な料金プランは、たとえば、「基本使用料が1カ月2000円で1分あたりの通話料が40円」といったものだ。この場合、インプットを「1カ月の通話時間」x分として、アウトプットをその場合の通話料金y円とすると、xとyの関係は次の1次関数で表せる。

$y = 40x + 2000$

関数記号$f(x)$を利用する場合は、

$f(x) = 40x + 2000$

である。たとえば、この料金プランで1カ月に100分の通話をしたなら、xに100をインプットすれば、yは

$40 \times 100 + 2000 = 6000$

と計算され、アウトプットである通話料は6000円ということになる(図2-7)。

この例で考えると、定数項2000の役割は明瞭にわかる。これは「たとえ全く通話しなくともかかる料金」というものなのである。

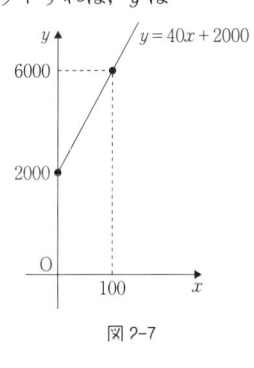

図2-7

1次関数が比例関数と異なるのは、このような定数項の存在だ。グラフは、比例関数をそのまま定数項の分だけ上にずらせばいい。

第2章 関数からはじまる冒険 071

† 2次元の比例関数

次に、比例関数を 2 次元に拡張することを考えよう。これは簡単で、ジュースの例での品物の数を複数に変更すればいい。

たとえば、100 円のジュースを x 個と 150 円のチョコを y 個買うときの代金を z 円としよう。これは、(x,y) という数の組を決めれば、z という数が計算される 1 つの計算システムとなり、

$z = 100x + 150y$

という式で表される。たとえば、$(x,y)=(2,3)$ のときは、z は

$z = 100 \times 2 + 150 \times 3 = 650$

と計算される。インプットが、x と y の 2 つがあるので、このような関数は $f(x,y)$ と表現され、

$f(x,y) = 100x + 150y$

となる。図式で描くと、

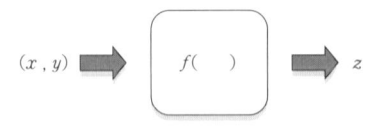

図 2-8

となって、「2 次元の数をインプットすると、1 次元の数がアウトプットされる」関数であることが明確となる。

この関数において、$y=0$ を代入すれば、関数は $100x$ という比例関数になり、$x=0$ を代入すれば、$150y$ という比例関数になるから、この関数は 2 つの比例関数を合わせたものとみることができ、高次元の比例関数ととらえられ

る。このような高次元の比例関数は、アウトプットが複数になってもよい。たとえば、「ジュース x 個とチョコ y 個を飲食するとき、代金 z 円がかかり、摂取カロリーは w キロカロリーになる」という関数を考えるなら、(x, y) をインプットすると (z, w) がアウトプットされる関数が定義され、図式は次のようになる。

(x, y) ➡ $f(\ )$ ➡ (z, w)

図 2-9

ジュースとチョコの価格はさっきと同じ 100 円と 150 円、カロリーをそれぞれ 200 キロカロリーと 400 キロカロリーとすれば、式は次のように 2 種類の計算を連立したものとなる。

$$\begin{cases} z = 100x + 150y \\ w = 200x + 400y \end{cases}$$

上段の式が代金を計算するもので、下段の式がカロリーを計算するもの。この 2 つが合体して 1 つの関数となっているのである。

「行列」ってなんだ

これらの関数を比例関数の仲間だと考えるなら、比例関数 $k \times x$ のような単純な表現をしたいものである。それを実現するのが、高校で習う「行列」という形式なのだ。

まず、最初の比例関数、

$z = 100x + 150y$ …①

第 2 章 関数からはじまる冒険 073

をどう表現するか考えよう。これは，(x, y) をインプットすると，z を計算するものなので，(x, y) をひとまとまりに表現するのが自然だろう。そのためには，ベクトルが適役であると気づく。インプット (x, y) を

$$\vec{p} = \begin{pmatrix} x \\ y \end{pmatrix}$$

とベクトルで表すことにするなら，①式は，

$$z = (100, \ 150)\vec{p} \quad \cdots ②$$

と書き表しても悪くないだろう。これは，

$$\underline{(100, \ 150)}\begin{pmatrix} x \\ y \end{pmatrix}$$

の順で読みとって $100x + 150y$ と計算する。ここで，係数を並べた $(100, 150)$ を「高次元の係数」だとみなして，たとえば A という記号で書くことにするなら，②は，

$$z = A\vec{p} \quad \cdots ③$$

と表せ，みごとに比例関数と同一の形式になる。

また，もうひとつの高次元の比例関数

$$\begin{cases} z = 100x + 150y \\ w = 200x + 400y \end{cases} \quad \cdots ④$$

のほうも，(x, y) をインプットすると (z, w) をアウトプットする関数だから，

$$\vec{p} = \begin{pmatrix} x \\ y \end{pmatrix}, \ \vec{q} = \begin{pmatrix} z \\ w \end{pmatrix}$$

とベクトルで表記してしまうなら，④式は，

$$\vec{q} = \begin{pmatrix} 100, & 150 \\ 200, & 400 \end{pmatrix}\vec{p} \quad \cdots ⑤$$

と書き表してしまっていいだろう。ここで，4個の係数を方陣状に並べたものを

$$B = \begin{pmatrix} 100, & 150 \\ 200, & 400 \end{pmatrix}$$

と書けば，⑤式は

$$\vec{q} = B\vec{p}$$

と書けて，これなら比例関数と同じ形式だとみなせる。ここで用いた「係数を方陣状に並べた形式」

$$A = \begin{pmatrix} 100 & 150 \end{pmatrix}$$

$$B = \begin{pmatrix} 100 & 150 \\ 200 & 400 \end{pmatrix}$$

を「行列（matrix）」と呼ぶ（カンマは不要なので以下では省略する）。行列とは，「行」と「列」に数字を置いたもので，高次元の比例関数の係数を並べたものなのである。行列 A は1行2列の行列，行列 B は2行2列の行列と呼ばれる。これまでの説明でわかるとおり，行列を使うと，高次元の比例関数は，

(ベクトル) = (行列) × (ベクトル)

と表されることになるというわけなのだ。

†行列の代数計算を知ろう

　行列は，高次元の比例関数を簡単に表記する工夫であり，さまざまな科学で有効に利用されている。物理学でも，生物学でも，統計学でも，情報科学でも，経済学でも，行列は欠かすことのできない道具である。しかし，本書では，紙数の関係でこれらの応用に触れることができない。

第2章　関数からはじまる冒険　075

そこで、以下では、行列についての代数計算だけを紹介することとしよう。

まず、行列×ベクトル、という計算は、もともとの定義に戻れば簡単だ。

$$\begin{pmatrix} a & b \\ c & d \end{pmatrix} \begin{pmatrix} x \\ y \end{pmatrix} \quad \cdots ⑥$$

はそもそも、2組の2次元比例関数

$$\begin{cases} z = ax + by \\ w = cx + dy \end{cases}$$

を表現したものであるから、⑥の計算結果は、

$$\begin{pmatrix} ax + by \\ cx + dy \end{pmatrix}$$

というベクトルでなければならない。たとえば、

$$\begin{pmatrix} 5 & 3 \\ 1 & 2 \end{pmatrix} \begin{pmatrix} 4 \\ 3 \end{pmatrix} = \begin{pmatrix} 5 \times 4 + 3 \times 3 \\ 1 \times 4 + 2 \times 3 \end{pmatrix} = \begin{pmatrix} 29 \\ 10 \end{pmatrix}$$

などのように計算される。

次に、行列＋行列とか、行列－行列とか、k×行列とか、行列×行列とかを定義したい。数学は自由な学問だから、これは基本的にどう定義したってかまわないが、全く役立たずの定義をしても意味がない。実際、数学者がうまい定義を与えたからこそ、行列の理論（線形代数と呼ばれる）は、微積分と並んで、数学の最重要の道具となったのである。

ところが、高校の教科書では、これらの行列の計算を天下り的に「こうやれ」と与えることが多い。読者の皆さんも、どうしてそう計算するのかは理解せず、ただただ暗記

を強いられた経験を持っているのではなかろうか。しかし，本当は，行列の代数計算には意味がある。というか，利用価値が高いように定義を与えるためには，きちんとした意味がなければならないに決まっているのである。

数学者は，高次元の比例関数と常につじつまがあうように，行列の四則計算を定義したのである。そもそも行列は，高次元の比例関数を表現するものなのだから，それはとても自然なことであるし，また，そう定義するからこそ，実際に役に立つ計算となるわけなのだ。

まず，「行列＋行列」を定義しよう。たとえば，

$$\begin{pmatrix} 5 & 3 \\ 1 & 2 \end{pmatrix} + \begin{pmatrix} 4 & 5 \\ 2 & 3 \end{pmatrix} \quad \cdots ⑦$$

を計算したいとする。ここで，前者の行列は，比例関数

$$\begin{cases} u = 5x + 3y \\ v = 1x + 2y \end{cases} \quad \cdots ⑧$$

の係数であったことを思い出そう。⑧を図2-10のfという関数とみなす。同じように後者の行列も，比例関数

$$\begin{cases} u' = 4x + 5y \\ v' = 2x + 3y \end{cases} \quad \cdots ⑨$$

の係数であった。⑨を図2-10のgという関数とみなす。このとき，⑧と⑨の比例関数を加え合わせた関数$f + g$も，同様に比例関

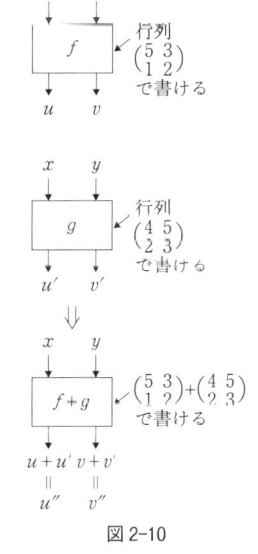

図2-10

第2章　関数からはじまる冒険　077

数となることが大事なのだ。すなわち，この和の関数 $f+g$ は，比例関数

$$\begin{cases} u'' = (5+4)x + (3+5)y \\ v'' = (1+2)x + (2+3)y \end{cases} \cdots ⑩$$

となる。したがって，⑦の行列の和は，

$$\begin{pmatrix} 5 & 3 \\ 1 & 2 \end{pmatrix} + \begin{pmatrix} 4 & 5 \\ 2 & 3 \end{pmatrix} = \begin{pmatrix} 5+4 & 3+5 \\ 1+2 & 2+3 \end{pmatrix} = \begin{pmatrix} 9 & 8 \\ 3 & 5 \end{pmatrix}$$

と定義するのが自然だということになる。結局，「行列＋行列」は，「同じ位置にある数を足して，同じ位置に並べた行列」というふうに定義されることになるのである。一般的に書くと，

$$\begin{pmatrix} a & b \\ c & d \end{pmatrix} + \begin{pmatrix} a' & b' \\ c' & d' \end{pmatrix} = \begin{pmatrix} a+a' & b+b' \\ c+c' & d+d' \end{pmatrix} \cdots ⑪$$

ということである。同じように，$f(x,y) - g(x,y)$ や $k \times f(x,y)$ を考えれば，

$$\begin{pmatrix} a & b \\ c & d \end{pmatrix} - \begin{pmatrix} a' & b' \\ c' & d' \end{pmatrix} = \begin{pmatrix} a-a' & b-b' \\ c-c' & d-d' \end{pmatrix},$$

$$k \begin{pmatrix} a & b \\ c & d \end{pmatrix} = \begin{pmatrix} ka, & kb \\ kc, & kd \end{pmatrix}$$

と定義するのが自然であることが簡単に理解できるだろう。

†行列×行列はどうしてあんな変な計算なのか

次に，行列×行列，の計算を定義しよう。結論を先に言ってしまうと，以下のように非常にわかりにくい計算で定義されるのである。

$$\begin{pmatrix} a & b \\ c & d \end{pmatrix} \begin{pmatrix} a' & b' \\ c' & d' \end{pmatrix} = \begin{pmatrix} aa'+bc' & ab'+bd' \\ ca'+dc' & cb'+dd' \end{pmatrix} \quad \cdots ⑫$$

具体例をひとつだけお見せすると,

$$\begin{pmatrix} 5 & 3 \\ 1 & 2 \end{pmatrix} \begin{pmatrix} 4 & 5 \\ 2 & 3 \end{pmatrix} = \begin{pmatrix} 5 \times 4 + 3 \times 2 & 5 \times 5 + 3 \times 3 \\ 1 \times 4 + 2 \times 2 & 1 \times 5 + 2 \times 3 \end{pmatrix}$$
$$= \begin{pmatrix} 26 & 34 \\ 8 & 11 \end{pmatrix}$$

のようである。

　もちろん,⑫も2次元の比例関数から定義される。関数 f を,

$$\begin{cases} z = a'x + b'y \\ w = c'x + d'y \end{cases} \quad \cdots ⑬$$

と定義し,もうひとつの関数 g を

$$\begin{cases} z' = ax + by \\ w' = cx + dy \end{cases} \quad \cdots ⑭$$

と定義して,これから行列×行列の形を決めたいのだが,残念ながら,2つの関数の積 $f \times g$ から定義するわけではないのである。なぜなら,$f \times y$ は比例関数にならない(x^2 や xy などの項が出てきてしまう)ので,行列で表すことができないからである。

　実は,行列の掛け算を定義するには,関数の合成 $g \circ f$ を使うのである。なぜなら,2次元の比例関数の合成は,同じく2次元の比例関数となるからである。合成関数 $g \circ f$ は,66〜67ページで解説したように,「入力されたものを規則 f で変化させ,次に規則 g で変化させることを,ひとつの規則としてみなしたもの」であった。この場合は,

$$(x,y) \to f \to (z,w) \to g \to (z',w')$$

という合成を用いる。この合成関数を求めるには，次のように，⑭式の変数を (z,w) に取り換えておいたほうがわかりやすい（変数を取り換えても，計算の意味は変わらないことに注意）。

$$\begin{cases} z' = az + bw \\ w' = cz + dw \end{cases} \cdots ⑮$$

この⑮の z と w に⑬式を代入すれば，求めたい合成関数が得られる（図 2-11）。やってみよう。

$$\begin{cases} z' = a(a'x+b'y) + b(c'x+d'y) \\ = (aa'+bc')x + (ab'+bd')y \\ w' = c(a'x+b'y) + d(c'x+d'y) \\ = (ca'+dc')x + (cb'+dd')y \end{cases}$$

この高次元比例関数を行列表現すれば，確かに⑫の右辺の行列となる。

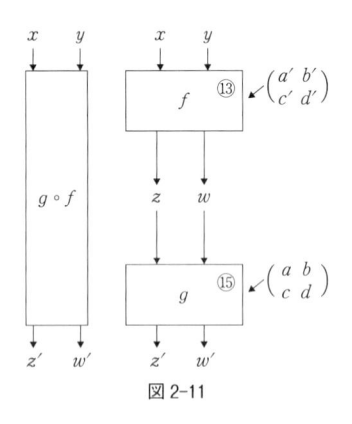

図 2-11

†行列の計算法則

　行列の掛け算の定義式⑫は，確かに人間にとってはひどく入り組んでいてめんどくさいものだが，数学の神様にとっては非常に合理的ですっきりとしたものである。その証拠に，こんな複雑な計算にもかかわらず，みごとな代数法則が成り立つ。たとえば，

【**乗法の結合法則**】　$C(BA) = (CB)A$

はその顕著なものである。行列×行列は，⑫式のように複雑で摩訶不思議にもかかわらず，「3つの行列の掛け算は，最初の2つを先に掛けても後の2つを先に掛けても結果は同じ」，となるのである。なぜ成り立つのか，その秘密は，掛け算を「関数の合成」から定義したことにある。ここで，行列 A を意味する比例関数を f とし，同様に行列 B, C を意味する関数をそれぞれ g, h としよう。

　すると，行列の積 BA は，前節で解説したように，関数 f と関数 g を合成した $g \circ f$ を意味する行列となる。さらに，$C(BA)$ はそれに h を合成した $h \circ (g \circ f)$ を意味する。他方，行列 CB は $h \circ g$ を意味し，$(CB)A$ は $(h \circ g) \circ f$ を意味する。ところが，$h \circ (g \circ f)$ も $(h \circ g) \circ f$ も，どちらも

$$\to f \to g \to h \to$$

とつなぐ同一の合成関数となるのである。よって乗法の結合法則が成り立つ。

　もうひとつの驚くべき代数法則は，次の「分配法則」が成立することだ。

【分配法則】 $C(B+A)=CB+CA$

(この説明は省略する。気になる人は，拙著『ゼロから学ぶ線形代数』を参照のこと)。

　ちなみに，「乗法の交換法則」は成り立たない。すなわち，一般に AB と BA は同じ行列にはならない。これは普通の数計算と根本的に異なるところである。なぜ成り立たないか，というと，関数の合成においては，つなぎ方を逆にすると別の計算になってしまう，すなわち，$f \circ g$ と $g \circ f$ は一般には異なっているからなのだ。

　以上で，比例関数を高次元に発展させる話は終わりである。比例関数の高次元化は，行列という新しい代数を生み出した。一方，比例関数を非常に微小な世界に応用すると，全く別の数学概念が生み出される。それは「微分」と呼ばれるものである。次章では，それを解説することとしよう。

第3章
無限小世界の冒険

†無限小の数学

　第2章では,比例関数の発展形としての行列代数を解説した。この章では,もうひとつの発展形である「無限小解析」を解説しよう。無限小解析とは,高校2年生が習う「微分」のこと。

　微分は,17世紀のヨーロッパで発見された数学的な概念である。フランスのフェルマーとデカルトがアイデアをつかみ,それをイギリスのニュートンとドイツのライプニッツが同時並行的に完成に導いた。

　フェルマーやデカルトは,関数の極値を簡便に求める方法を追求していた。極値というのは,局所的に最大や最小となっている値である。つまり,関数のグラフを描いたときにでっぱりの頂上となっている点またはへこみの底となっている点のことである。

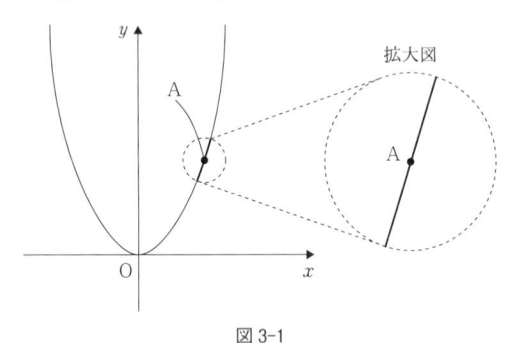

図 3-1

　彼らの発想のエッセンスは,曲線を「微小な直線をつないだもの」とみなすことである。たとえば,放物線 $y = x^2$ のグラフは,図3-1のような形状をしているが,ごく局所

的な部分を拡大してみると図のように直線になっている、とイメージすることにある。さらに極端にいうなら、放物線を図3-2のように、無限小の線分をつないだ折れ線のようにイメージする、ということだ。

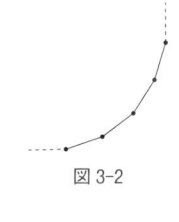

図 3-2

このようなイメージを整合化できれば、うまいことがわかる。図3-3を見てみよう。ある関数のグラフが点Pで極値をとるならば、そのグラフを無限小の線分をつないだ折れ線で表したとき、Pを通る線分はちょうど水平になっており、その傾きはゼロということになる。つまり、無限小の線分の傾きを求める計算が可能なら、その値がゼロになる場所を探せば、それが極値をとる点だということになるのである。この「無限小の線分の傾き」が、いわゆる「微分係数」なのだ。

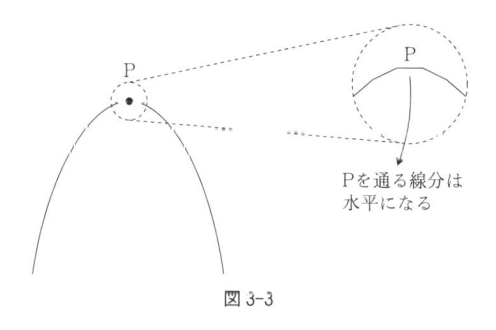

Pを通る線分は水平になる

図 3-3

このようなグラフの見直し方は、画期的ではあるものの論理破綻の危険をはらんでいる。なぜなら、放物線はどの点でも曲がっており、どんなに局所的にみても線分にはな

第3章　無限小世界の冒険　085

らないからである。だから、どんな正の数よりも小さいがゼロではない長さ、つまり「無限小の長さ」というものを想定せざるをえない。そんなものを想定していいのか、論理的に矛盾しないのか、この議論は実に3世紀にもわたって続いたのである。

本章では、この無限小算術を、数学者が突き詰めた厳密な理解を要求せずに、またそんなに哲学的にもならないように、解説したいと思う。そのための工夫として、あくまで微分を「近似式」との関係で扱うというアプローチをとる。高校数学での接線を基本とした方法論とも、大学数学でのイプシロン・デルタ論法を基本とした方法論とも趣を異にするが、読者を微分の新しい理解に導ければ幸いである。

† 座標軸を移動すれば比例関数になる

第2章で比例関数と1次関数を解説した。微分を理解するには、1次関数を比例関数に直す局所座標を理解するのが第一歩である。

たとえば、1次関数 $y=3x+2$ のグラフは図 3-4 のようになる。

比例関数のグラフとの間で特徴を比較すれば、「直線」ということは同じで、「原点を通る」というところが異なっている。y 軸とグラフの交点 $(0,2)$ を **y 切**

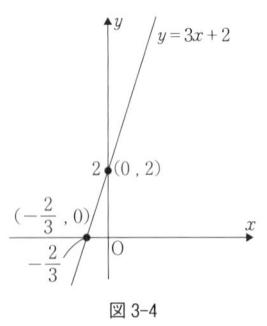

図 3-4

086

片と呼び，このy切片のy座標に定数項2が現れる。また，x軸との交点$\left(-\frac{2}{3},0\right)$を**$x$切片**と呼び，$x$切片はグラフ上で$y$座標が0の場所であることから，1次方程式$0=3x+2$を解くことで得られる。また，比例部分の$3x$の3のことを「**傾き**」と呼ぶ。

1次関数のグラフが直線となることを踏まえれば，1次関数を比例関数に直す手だてが見つかる。それは，**座標軸を移動して原点が1次関数のグラフ上になるようにする**，という手だてである。このことは，「微分」を理解するうえで非常に重要な作業なので，読者は十分に理解してほしい。図3-5を見てみよう。

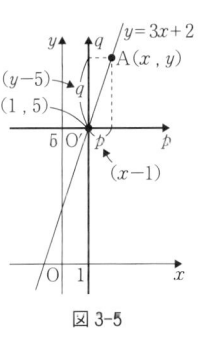

図 3-5

1次関数$y=3x+2$のグラフ上には点O$'(1,5)$がある（$3\times 1+2=5$だから）。このO$'$が座標軸の交点となるように座標軸を移動させてみよう。混乱を避けるために，新しい座標軸をp軸，q軸と呼ぶことにする。この新しい座標軸を基準に関数のグラフを見るなら，「グラフは原点O$'$を通る直線」となるので，比例関数のグラフだとみなせる。図のようにp軸，q軸を基準とした新しい座標，つまりO$'$を$(0,0)$としたときの点Aの座標を(p,q)と書けば，pとqの関係は，

$q=3p$ …①

となる。これは原点を通る直線をグラフに持つのが比例関

数であることから容易に理解できることであろう。きちんと確認するには、次のようにすればいい。

まず、元の座標（x軸y軸での座標）で点Aの座標が(x, y)であるとする。これは明らかに、

$$y = 3x + 2 \quad \cdots ②$$

という式を満たす。一方、新しく原点としている点O'の座標は$(1, 5)$であり、これは$y = 3x + 2$のグラフ上の点だから、当然、

$$5 = 3 \times 1 + 2 \quad \cdots ③$$

という計算式を満たす。ここで、②式から③式を左辺同士、右辺同士、引くと、

$$(y - 5) = 3(x - 1) \quad \cdots ④$$

という式が得られる。一方、図3-5で見れば、$(x-1)$は点Aのx座標からO'$(1, 5)$のx座標1を引いたものであり、$(y-5)$は点Aのy座標からO'$(1, 5)$のy座標5を引いたものだ。だから、④において、$(x-1)$をp、$(y-5)$をqと書き直せば、先ほどの①式、

$$q = 3p$$

が得られる。要するに、xy平面上の1次関数は、そのグラフ上の1点O'が原点となるように座標軸p軸、q軸を取り直して、新しい座標系を与えると、比例関数$q = 3p$に書き換わる、ということなのである。

数学では上記の新しい座標pとqを特殊な記号で表す習わしになっている。すなわち、

$$p = (x - 1) \text{を} \mathit{\Delta x}, \quad q = (y - 5) \text{を} \mathit{\Delta y},$$

と記す。Δはギリシャ文字で「**デルタ**」と読む。デルタは

「増分」を表すときに使う記号だ（Δx は2つに切り離せない。$\Delta \times x$ の意味ではないので注意）。つまり，

Δx は起点 O′ からの x 座標の増分，Δy は起点 O′ からの y 座標の増分

を表す記号なのである。あとの都合から，この $\Delta x, \Delta y$ を「**局所座標**」と名付けることとする。「局所」ということばは，数学では「その点のごくそば」を表す。今の話では，「局所」ということばは意味を持っていないが，だんだんその重要性がわかってくるだろう。この局所座標を用いて①式や④式を書き直せば，

$\Delta y = 3\Delta x$ …⑤

となる。これを表にしたものが表3-1である。

表3-1 ① 1次関数 $y=3x+2$ の x と y の関係

x	-2	-1	0	1	2	3	4	5
y	-4	-1	2	5	8	11	14	17

表3-1 ② $(1,5)$ を起点とした x の増分 Δx と y の増分 Δy との関係

$\Delta x = x-1$	-3	-2	-1	0	1	2	3	4
$\Delta y = y-5$	-9	-6	-3	0	3	6	9	12

この式を言葉で理解するなら，「1次関数 $y=3x+2$ を点 O′$(1,5)$ を起点とした局所座標で見た場合，アウトプット y の増分 Δy はインプット x の増分 Δx のちょうど3倍となる」ということになる。これを図に描いたものが図3-6なのである。

実はこの⑤式が，あとで「微分」を理

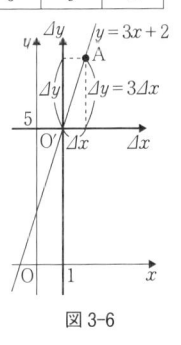

図3-6

解するカギになるので、よく理解してから進んでほしい。

†税金の式で学ぶ局所座標

　局所座標の応用として、税率を取り上げよう。

　最近の税率は細かくて目的に適さないので、ここでは平成18年度の税率を使う。この年の税率は、課税所得（要するに、税金が課せられる所得）が330万円未満なら10%、330万円以上900万円未満が20%、900万円以上1800万円未満が30%、1800万円以上が37%となっていた。

　この税率に関して、誰もが一度は次のような疑問を持ったことがあるだろう。つまり、「税率が変わるところの前後ですごい不公平が起きるのではないか」という疑問だ。かくいう筆者は子供の頃、そういう疑問を持った。たとえば、課税所得が329万円の人の税率は10%なので、納める税金は32.9万円で手元に残るのは296.1万円。一方、課税所得が330万円の人は税率が20%なので、納める税金は66万円で手元に残るのは264万円に思える。そうだとすると、所得がたった1万円増えるだけで手元に残るお金はがくっと減って逆転してしまうことになる。これは不公平ではないのか。

　このように「値のジャンプ」が起きることを、数学の言葉では「**不連続性**」という。しかし、ご安心あれ、国税庁は「不連続性」を引き起こさないために、「控除額」という工夫をしているのだ。たとえば、330万円以上900万円未満の場合には、税率20%（=0.2）を掛けたあとに33万円を引き算して（控除して）納税額とする。だから、330万円の

人の納税額は，330×0.2−33＝33万円となる。これは330万円の10%と一致するから，課税所得が330万円の人は「税率10%」で計算しても，「税率20%を適用して控除額33万円を引く」と計算してもどちらでも同じになる。つまり「値のジャンプ」は決して起きないのだ。

控除額は，330万円以上900万円未満の場合は33万円，900万円以上1800万円未満の場合は123万円，1800万円以上の場合は249万円と設定されている。したがって，「（平成18年度の）課税所得額x万円をインプットすると，その納税額y万円をアウトプットする関数」は，次のように4つに区分して1次関数をつないだ関数となる。

$y = 0.1x \quad (0 \leq x < 330)$

$y = 0.2x - 33 \quad (330 \leq x < 900)$

$y = 0.3x - 123 \quad (900 \leq x < 1800)$

$y = 0.37x - 249 \quad (1800 \leq x)$

そして，この関数のグラフを描くと，図3-7のような折

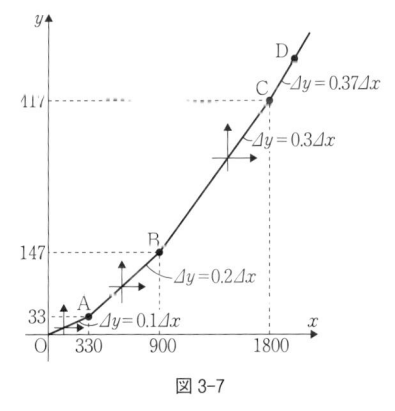

図3-7

第3章　無限小世界の冒険

れ線グラフとなる。

　注目してほしいのはグラフに断絶・切れ目（不連続点）がなく，ひとつながりの曲線（連続）になっている，ということだ。それが先ほど説明した「不公平なジャンプがない」ということのグラフ上での説明となっている。

　さて，このような「グラフが折れ線になる関数」でも，局所座標を使えば，比例関数で表現できる。たとえば，税率が10%の線分OA上の任意の点を起点とするなら，

　　$\Delta y = 0.1 \Delta x$　　（OA上の点）

という比例関数ができあがる。これは，「OA上の課税所得の範囲にいる人は，所得の増分がΔxである場合，納税金額の増分Δyはその0.1倍である」という風に解釈することができる。むしろ，これこそがまさに「税率の正体」だと理解したほうがいい。

　ただし，注意しなければいけないのは，この関係が成り立つためには課税所得の増分Δxはあまり大きくてはいけない，ということだ。所得があまりに大きく増えて点Aより右に行ってしまった場合は，税率が変わるので，もはやこの式は成り立たない。運よく所得が増えて，このような非比例的な徴税を受けてびっくりした経験のある人もおられるだろう。ここに来て，局所座標の「局所」の持つ意味がはっきりしたことと思う。つまり，このグラフ上の任意の点を原点とする新しい座標軸を書くと，**その新しい原点の近くだけではグラフを比例関数のグラフとみなすことができる**，ということなのである。

　同様にして，Δxが十分小さいとき，

$\Delta y = 0.2 \Delta x$　（AB 上の点）

$\Delta y = 0.3 \Delta x$　（BC 上の点）

$\Delta y = 0.37 \Delta x$　（CD 上の点）

が成り立つ。

　この例から受け取るべき大事なことは，課税所得 x に対する納税金額を関数 $y = f(x)$ と記すなら，この関数は4つの部分で個別に「**局所座標 Δx と Δy についての比例関数**」として表現できる，ということだ。このような部分的な関係性を数学では「**局所的な比例関係**」と呼ぶ。つまり，**納税額の関数は各場所で局所的な比例関係が異なっている**，ということなのである。

局所的な比例関数で近似する

　次に，グラフが直線そのものや折れ線などの直線図形でない場合に，局所座標による比例関数の考え方が使えないかどうかについて考えよう。

　もちろん，比例関数のグラフは直線だから，グラフに直線部分がなければ今のような局所座標で比例関数を作ることはできない。しかし，冒頭に解説したように，17世紀の，フェルマー，デカルト，ニュートン，ライプニッツなどヨーロッパの天才数学者たちは，なんとか局所的に比例関数とみなしたい，という発想を持ったのである。本書では，「局所的に比例関数とみなしたい」という欲求と「でも，曲線はどこもかしこも曲がっている」ということを調和させるために，**局所的な比例関数で「近似する」**，というアプローチをすることとしよう。

第3章　無限小世界の冒険

どう「近似」をやるかについて、代表的な2次関数、

$$y = x^2 \quad \cdots ⑥$$

を例に解説しよう。この関数のグラフは、図3-8のようななめらかなカーブを描く曲線だから、局所的にも比例関数にはならない。

そこで、たとえば、「グラフ上の点$P(1,1)$のごく近くだけで**比例関数で近似する**」ということを考えてみることとする。Pを起点にすると、

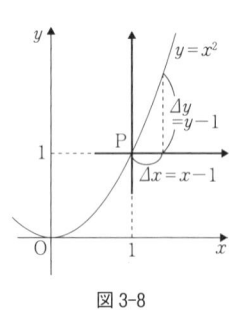

「xの増分」$= \mathit{\Delta} x = (x-1)$
「yの増分」$= \mathit{\Delta} y = (y-1)$

図3-8

なので、これらを$x = \mathit{\Delta} x + 1$, $y = \mathit{\Delta} y + 1$と書き直し、⑥に代入してみる。すると、

$$\mathit{\Delta} y + 1 = (\mathit{\Delta} x + 1)^2$$

が得られる。これを（第1章16ページの公式で）展開して整理すれば、

$$\mathit{\Delta} y = 2\mathit{\Delta} x + (\mathit{\Delta} x)^2 \quad \cdots ⑦$$

となる。

もちろんこれは$\mathit{\Delta} x$と$\mathit{\Delta} y$に関する比例関数ではない。$\mathit{\Delta} y = 2\mathit{\Delta} x$なら比例関数だが、$(\mathit{\Delta} x)^2$という余分な2乗の項が加わっているからだ。しかし、ここで巧い考えがあるのだ。**点Pのすぐそばだけでなら$\mathit{\Delta} x$に比較して$(\mathit{\Delta} x)^2$はものすごく小さいから無視してもいいだろう**、ということである。

Pのすぐそばの点とは，Δx が0にとても近い点のことである。実際，$\Delta x = 0.01$ なら $(\Delta x)^2 = 0.0001$，$\Delta x = 0.001$ なら $(\Delta x)^2 = 0.000001$，という具合に，Δx に比べて $(\Delta x)^2$ はチリのよう小さくなっている。もっと正確にいうと，Δx で初めて1が出てくるのが小数点以下 k 位だとすると，$(\Delta x)^2$ に初めて1が出てくるのは，小数点以下 $2k$ 位になる，ということである。以上の考察から，「⑦式において2乗の項を削除してしまっても実際の値とそんなにズレないであろう」と推論できる。

つまり，2次関数 $y = x^2$ は，点 P(1, 1) を起点とする局所座標 Δx と Δy を導入するなら，点Pのごく近くでは，比例関数 $\Delta y = 2\Delta x$ によって近似できる，ということがわかった。

実際，ここで，$\Delta y = 2\Delta x$ に $\Delta x = (x-1)$ と $\Delta y = (y-1)$ を代入し，普通の x と y を変数とする関数に戻せば（Δx を $(x-1)$ に，Δy を $(y-1)$ におのおの置き換えれば），

$$(y-1) = 2(x-1) \rightarrow y = 2x - 1$$

となる。つまり，1次関数 $y = 2x - 1$ が P(1, 1) のごく近くで2次関数 $y = x^2$ をとてもよく近似する1次関数だとわかるのである。このことは表3-2から直接に観察できる。

表3-2

x	0.7	0.8	0.9	1	1.1	1.2	1.3
x^2	0.49	0.64	0.81	1	1.21	1.44	1.69
$2x-1$	0.4	0.6	0.8	1	1.2	1.4	1.6

† **近似の程度を誤差率で計測する**

 2次関数 $y=x^2$ は，点 P$(1,1)$ のごく近くで，そして近ければ近いほど，比例関数 $\Delta y = 2\Delta x$ あるいは1次関数 $y=2x-1$ によって近似できる，とわかった。とはいっても，その近似の程度，つまり，「どの程度よく似ているのか」，あるいは「他にもっとよく似る関数はないのか」が疑問になるだろう。そこで，近似の程度を評価する方法を導入したい。そのために「**誤差率**」という概念を導入しよう。誤差率というのは，

「2つの関数値の隔たりが，x と起点との隔たりの何パーセントにあたるか」

を計算したものを指すことばである。

 たとえば，$x=1.2$ を，「点 P の x 座標 1 の近くの数」として選ぼう。このとき，

 「x と起点との隔たり」$= 1.2 - 1 = 0.2$

 他方，$x=1.2$ でのそれぞれの関数の値は，

$$x^2 = (1.2)^2 = 1.44$$
$$2x - 1 = 2.4 - 1 = 1.4$$

だから，

 (誤差) $= 1.44 - 1.4 = 0.04$

したがって，「誤差」を「x と起点との隔たり」で割って，

 (誤差率) $= 0.04 \div 0.2 = 0.2 = 20$ パーセント

と計算される。これは，x^2 を近似する関数として $2x-1$ を採用するとき，x の 1 から 1.2 までの変化に対して関数の誤差は x の変動幅の 20 パーセントにあたることを意味している。

誤差を評価するために、なぜ「x と起点との隔たり」で誤差を割るのだろうか。それは、x を1に近づければ、x^2 と $2x-1$ はともに1に近づくので、それらの隔たりが0に近づくのはあたりまえ。これをして近似と認めるなら、「$x=1$ のとき値が1になる」1次関数はすべて「近似関数」になってしまう。したがって、「x と起点との隔たり」を「スケールの目安」として、誤差がその何パーセントにあたるかを計測してこそ意味があるのである。たとえて言えば、「ゾウにとって小さいかどうか」は、ゾウの体長との比率で考えるべきだし、「アリにとって小さいかどうか」は、アリの体長との比率で考えるべきだ、ということなのだ。

　さて、$x=1$ の近くにおいて、

　　(x の誤差率) ＝ (関数値の隔たり)

　　　　　　　　　　÷ (x と起点1との隔たり)

と定義される。数式で定義するなら、

$$（x の誤差率）= \frac{x^2-(2x-1)}{x-1}$$

である。この誤差率を、いろいろな x の値について調べて表にしたものが表 3-3 である。

表 3-3 ①

隔たり	誤差	誤差率(%)
0.3	0.09	30
0.2	0.04	20
0.1	0.01	10
0	0	/
−0.1	0.01	−10
−0.2	0.02	−20

第3章　無限小世界の冒険　097

もっと $x=1$ のそばを拡大してみると……

表3-3②

隔たり	誤差	誤差率(%)
0.1	0.01	10
0.01	0.0001	1
0.001	0.000001	0.1
0	0	/
−0.001	0.000001	−0.1
−0.01	0.0001	−1

　これを見れば，隔たりが0に近ければ近いほど，つまり，点P(1,1)に接近すればするほど，誤差率は小さいことがわかる。要するに，

$y=x^2$ と $y=2x-1$ は，$x=1$ に近ければ近いほど，誤差率は0に近くなる

ということだ。言い換えるなら，この2つの関数 x^2 と $2x-1$ は，$x=1$ に近づけるほどよく似ている，ということになる。

　このような性質を持つものを「**局所近似1次関数**」と呼ぼう。この言葉を使うなら，

　$y=x^2$ の $x=1$ における局所近似1次関数は $y=2x-1$

と表現できる。

　また，$y=2x-1$ を，点Pを起点とする比例関数で表したもともとの $\Delta y=2\Delta x$ については，

　$y=x^2$ の「**局所近似比例関数**」は $\Delta y=2\Delta x$

ということにする。この局所近似比例関数のほうを利用すれば，点Pに近づけば近づくほど誤差率がゼロに近くなるのがなぜか，が明快に見えてくる。それは以下のような理

由による。

$y=x^2$ を，点Pを起点とする局所座標 Δx と Δy を用いて表したのが，⑦式，

$\Delta y = 2\Delta x + (\Delta x)^2$

だった。他方，$y=2x-1$ を同様に表した式が，

$\Delta y = 2\Delta x$

であった。ここで，「関数の値の差」とは，「y軸方向の隔たり」のことだから，座標軸に依存しないことに注意しよう。y座標の差で計算しようが，(点Pのy座標1を起点とした)Δy の差で計算しようが同じである。したがって，上記の式から，

「x^2 と $2x-1$ の誤差」
　$= \{2\Delta x + (\Delta x)^2\} - \{2\Delta x\} = (\Delta x)^2$

と計算できる。このことは，図3-9でも確認してほしい。

ここで，「xと1との隔たり」は Δx だから，

(誤差率) $= (\Delta x)^2 \div \Delta x = \Delta x$

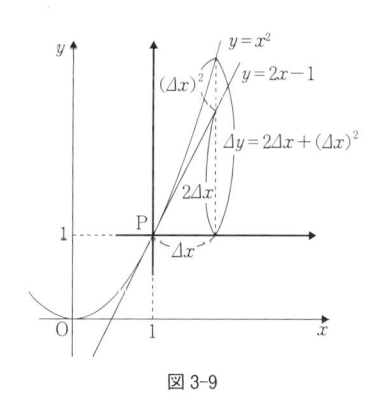

図 3-9

となる。これから，Δx を 0 に近づけると（点Pの近くに行くと），誤差率（$=\Delta x$）が 0 に近づいていくことが簡単に理解できる。

†局所近似 1 次関数は極限操作で求める

実は，先ほどの考察から，「$x=1$ に近ければ近いほど誤差率が 0 に近づく」という性質を持つ 1 次関数は，$y=2x-1$ に限るということも推測できる。なぜなら，$y=x^2$ を Δx で書き直した⑦式を考えれば，他の局所比例関数，たとえば，$\Delta y = 4\Delta x$，などはこの性質を持たないことが明らかである。実際，$\Delta y = 4\Delta x$ なら，

$$(誤差率) = (2\Delta x + (\Delta x)^2 - 4\Delta x) \div \Delta x$$
$$= -2 + \Delta x$$

となるので，Δx をゼロに近づけても誤差率はゼロには近づかない（-2 に近づく）。

この洞察から，局所近似 1 次関数を求めるにはどうやればいいかが見えてくる。別のことばでいえば，与えられた点Pの近くで関数 $f(x)$ を近似する局所近似 1 次関数をどうやれば求められるか，ということである。局所近似 1 次関数とは以下の条件を満たすものである。

【局所近似 1 次関数の条件】

点 $\mathrm{P}(a, f(a))$ において関数 $f(x)$ の局所近似 1 次関数が $y=mx+n$ であるとは，

(1) $y=mx+n$ は点 $\mathrm{P}(a, f(a))$ を通る。

(2) $f(x)$ と $mx+n$ の誤差率は，点Pに近ければ近

いほど0に近づく。

　この条件を満たす局所近似1次関数を求めるためには，先に局所近似比例関数を求めるのが近道である。(1)によって，点P$(a, f(a))$を起点に局所座標をとれば，$y=mx+n$ は

　　$\Delta y = m\Delta x$　　…⑧

と表せる。ここで，$\Delta x = x-a$ だから，$x=a+\Delta x$ と書き直してみれば，関数 $y=f(x)$ のほうの点P付近での y の増分 Δy は，

　　$\Delta y = f(x)-f(a) = f(a+\Delta x)-f(a)$　　…⑨

と書き直すことができる。実際，最後の式は a から Δx だけ x が増えたところでの $f(x)$ の値から a での $f(x)$ の値を引いたものだから，まさに y の増分を意味することが見てとれる。ここで，⑨の右辺から⑧の右辺を引けば，誤差が求まる。

　　(誤差) $= f(a+\Delta x)-f(a)-m\Delta x$　　…⑩

　そして，これを Δx で割れば，誤差率となる。

　　($f(x)$ と $mx+n$ の誤差率)

　　　$=$ 誤差⑩ $\div \Delta x$

　　　$= (f(a+\Delta x)-f(a)-m\Delta x) \div \Delta x$

　　　$= \dfrac{f(a+\Delta x)-f(a)-m\Delta x}{\Delta x}$

　　　$= \dfrac{f(a+\Delta x)-f(a)}{\Delta x} - m$

　ここで，点Pに近づけば近づくほど，つまり，Δx を0に

第3章　無限小世界の冒険

近づければ近づけるほど、この最後の式が 0 に近づくように m を設定すれば、それが求める局所近似比例関数の傾きとなる。つまり、

$$\left[\frac{f(a+\Delta x)-f(a)}{\Delta x} \text{ が } \Delta x \text{ を } 0 \text{ に近づけたときに近づいていく値}\right] \quad \cdots ⑪$$

を求めて、それを m とすればいいのである。この⑪を、日本語表現ではなく、数学記号で与えたものが、

$$\lim_{\Delta x \to 0} \frac{f(a+\Delta x)-f(a)}{\Delta x} \quad \cdots ⑫$$

である。日本語に翻訳してみよう。「lim（リミット）」は「極限（limit）＝近づくこと」を、「$\Delta x \to 0$」は「Δx を 0 に近づける」ことを表す。⑫式全体は、「Δx を 0 に近づけるとき、分数式 $\frac{f(a+\Delta x)-f(a)}{\Delta x}$ が近づく値」を意味する。この値が、求めたい局所近似 1 次関数の傾き m となるのである。この局所 1 次関数の傾きである、

$$m = \lim_{\Delta x \to 0} \frac{f(a+\Delta x)-f(a)}{\Delta x}$$

のことを、「**関数 $f(x)$ の $x=a$ における微分係数**」と呼び、記号 $f'(a)$ で表す。微分係数とは、要するに、局所的に関数を近似する比例関数の比例定数のことなのである。

　微分係数は、高校数学では「接線の傾き」として導入されるのが一般的だ。接線というのは、図形なので目に見える対象だからわかりやすい、という考えでそういうアプロ

ーチがとられていると推測される。しかし，筆者は，このようなアプローチでは「なぜ，接線を考えたいのか」という目的が全く意味不明になるし，かつ「接線を求めるのに，なぜ極限操作をするのか」も初学者には理解しにくいと考えた。だから，本書では，局所近似と誤差率によるアプローチを採用したのである。これなら，同じプロセスに対して，その目的と操作の意味とを理解しやすいのではないだろうか。

今の計算方法を用いて，さきほどの関数 $f(x)=x^2$ の $x=1$ における微分係数（点 P(1,1) における局所近似比例関数の比例定数）を具体的に求めてみよう。まず，

$$\frac{f(1+\Delta x)-f(1)}{\Delta x} = \frac{(1+\Delta x)^2-1^2}{\Delta x}$$

$$= \frac{1+2\Delta x+(\Delta x)^2-1}{\Delta x}$$

$$= \frac{2\Delta x+(\Delta x)^2}{\Delta x} = 2+\Delta x$$

となる。ここで，Δx を 0 に近づけると $2+\Delta x$ は 2 に近づくことは明らかである。したがって，

$$\lim_{\Delta x \to 0} \frac{f(1+\Delta x)-f(1)}{\Delta x} = 2$$

これから，$x=1$ における微分係数 m（点 P(1,1) における局所近似比例関数の比例定数）は 2 であると判明する。つまり，$f'(1)=2$ ということである。だから，局所近似 1 次関数は

$$y=2x+n$$

第3章　無限小世界の冒険　103

の形とわかる。さらに，これがP(1,1)を通過するには$n=-1$でなければならないことから，

$$y = 2x - 1$$

と求まる。以上をまとめると，

【関数の微分係数】

関数$f(x)$の$x=a$における微分係数$f'(a)$は，局所近似比例関数の比例定数であり，

$$f'(a) = \lim_{\Delta x \to 0} \frac{f(a+\Delta x) - f(a)}{\Delta x}$$

と計算される。そして$x=a$における局所近似比例関数は，

$$\Delta y = f'(a)\Delta x$$

と書ける。

†近似1次関数の直線は元の関数のグラフの接線になる

この局所近似1次関数，あるいは局所近似比例関数のグラフが，近似している関数のグラフとどういう関係にあるか，$y=x^2$の例でみてみよう。

前節で述べたように，$y=x^2$のグラフに対して，局所近似1次関数$y=2x-1$のグラフは，図3-10のような「**点P(1,1)で接する接線**」となっているのである。

このことを確認するためには，$y=x^2$と$y=2x-1$との共有点数を調べてみればいい。それには，2次方程式

$$x^2 = 2x - 1$$

を解けばいい。左辺から右辺を引き算して，因数分解してみれば，

$$x^2-(2x-1) = 0$$
$$x^2-2x+1 = 0$$
$$(x-1)(x-1) = 0 \quad \cdots ⑬$$
$$(x-1)^2 = 0$$

となって，2次方程式の2個ある解がたまたま重なって，「**重解**」というケースになっていることがわかる。つまり，$y=x^2$ と $y=2x-1$ との共有点は，「**一般には2個ある共有点が偶然重なって1個になっている状態**」だと判明した。これは幾何的には，「接線」という状態に対応する。

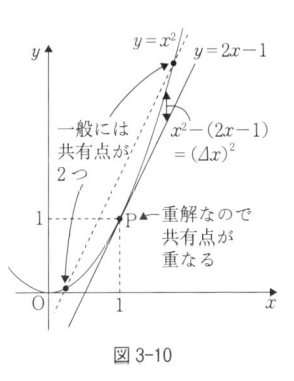

図 3-10

ここで，「2個ある解が重なっている」のはなぜか，という疑問が浮上するだろう。局所近似1次関数とどう関係しているか，という疑問だ。このからくりは，前の節で説明していた「誤差率が0に近づくこと」というところに潜んでいるのである。

⑬式をもう一度観察しよう。共有点を求めるための方程式の左辺 $x^2-(2x-1)$ は，2つの関数の誤差を表している。ところで，この誤差が，「x と 1 との隔たり」($=\Delta x=x-1$) の 2 乗 $(\Delta x)^2$ だったからこそ，$y=x^2$ に対して $y=2x-1$ が局所近似1次関数となれたことを思い出してほしい。ここで，

$$x^2-(2x-1) = (\Delta x)^2 = (x-1)^2$$

第3章 無限小世界の冒険 105

であり，これこそが，さきほどの因数分解の秘密なのである。つまり，局所近似1次関数の「起点の近くなら近くほど誤差率が0に近づく」という，まさにその性質が，他方では，近似している関数のグラフの接線（共有点の方程式が重解になる直線）にならなければいけない，という宿命を導いているのだ。まとめてみると，以下のようになる。

　2次関数のグラフに対して直線が接線になる

　⇔ 交点を求める2次方程式の2解が重なってひとつになる（重解）

　⇔ 2次関数と1次関数の誤差が Δx の2乗（以上）となる

　⇔ 起点に近づくと誤差率がゼロに近づく

　⇔ その1次関数が2次関数の局所近似1次関数となる

†微分係数から何がわかるか

　今までの解説から，微分係数とは，局所近似1次関数（または局所近似比例関数）の傾きであり，図形的には接線の傾きであることがわかった。そこで，いよいよ，冒頭で解説した「極値の計算」に微分係数が使える，ということを解説しよう。

　そのために，2次関数 $y=f(x)=x^2$ の $x=a$ における微分係数を一般的に求めておく。

　まずは，局所座標を使って簡便に求めることとしよう。点 (a, a^2) における局所近似比例関数の傾きを求めればいい。点 (a, a^2) を起点にすれば，x の増分 $\Delta x = x-a$，y の増分 $\Delta y = y-a^2$ だから，これを $x=\Delta x+a$，$y=\Delta y+a^2$ と書き直し，$y=x^2$ に代入すれば，

$$\Delta y + a^2 = (\Delta x + a)^2$$

これを第1章の16ページの公式によって展開整理して,

$$\Delta y = 2a\Delta x + (\Delta x)^2$$

したがって, 求める局所近似比例関数は, $(\Delta x)^2$ の項を消して,

$$\Delta y = 2a\Delta x \quad \cdots ⑭$$

とわかる。つまり,

$y = x^2$ の $x = a$ における微分係数 $f'(a)$ は $2a$

ということが決定された。一方, 極限を使って, 微分係数を求めたいならば,

$$\frac{f(a+\Delta x) - f(a)}{\Delta x} = \frac{(a+\Delta x)^2 - a^2}{\Delta x}$$

$$= \frac{a^2 + 2a\Delta x + (\Delta x)^2 - a^2}{\Delta x} = \frac{2a\Delta x + (\Delta x)^2}{\Delta x}$$

$$= 2a + \Delta x$$

のように計算すればいい。ここで $\Delta x \to 0$ とすれば, 上式の極限が $2a$ と求まり, $f'(a) = 2a$ とわかる。

この結果を図示すると, 図3-11のようになる。$y = x^2$ のグラフは放物線だが, 任意の点 (a, a^2) において, そのごく近くでは, x の増分 Δx と y の増分 Δy の関係は, 比例関数 $\Delta y = 2a\Delta x$ で近似することができ, 比例定数はその点の x 座標 a の2倍, とい

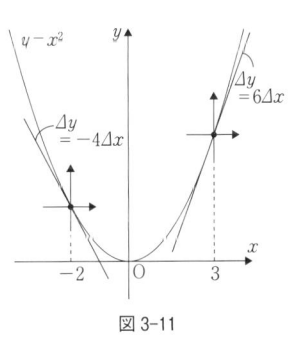

図 3-11

第3章 無限小世界の冒険

うことなのである。

　また，局所座標 Δx と Δy を使わないで近似を行うなら，Δx を $(x-a)$ に，Δy を $(y-a^2)$ に戻して，⑭式を書き換えると，

$$(y-a^2) = 2a(x-a)$$

これを展開整理すれば，

$$y = 2ax - a^2 \quad \cdots ⑮$$

となる。これが $y=x^2$ の $x=a$ における局所近似１次関数であり，接線の方程式である。

　実際，$y=x^2$ と $y=2ax-a^2$ の交点の方程式は

$$x^2 - 2ax + a^2 = 0$$

であるが，これは

$$(x-a)^2 = 0$$

となることから確かに重解となっている。

　さて，微分係数は関数を比例関数で局所的に近似するときの比例定数だから，関数について**局所的な性質**なら教えてくれる。ここで局所的な性質というのは何かというと，グラフ上の点のごく近くだけ見れば判定することができるような性質のことである。反対に，大局的性質とは，点の近くだけを見ていたのでは，判断できないような性質のことだ。

　たとえば，ある点のところで関数が増加状態か減少状態にあるかは局所的性質（図3-12）。また，ある点のところでグラフが下向きに膨らんでいるか上向きに膨らんでいるか，も局所的性質だ。それに対して，最大値

図3-12

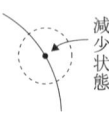

はいくつか，とか，ある数値を関数が何回とるか，とかは大局的性質に属する。

ここでは，局所的な性質の代表例である「関数の増減状態」を微分係数から判定する方法を解説しよう。

例として再び $y=x^2$ を使う。この関数が点 $P(1,1)$ のところで増加状態にあるか，減少状態にあるか，を知りたいとしよう。解説したように，$x=1$ での微分係数は2で，局所近似比例関数は $\varDelta y=2\varDelta x$ だった。この比例関数は，点Pを起点とすると，x の増加に対し y の増加はその2倍，ということを意味している。したがって，当然，x が増えると y が増える。つまり，この比例関数は点Pのところで増加する関数である。一方，$y=x^2$ は点Pの近くなら近くほど $\varDelta y=2\varDelta x$ との誤差率が小さくなっている（つまりよく似ている）ので，点Pに限れば，$\varDelta y=2\varDelta x$ の増減の性質がそのまま $y=x^2$ の増減状態だと判断できる。つまり，$y=x^2$ は，$x=1$ のところで増加する関数なのである。

逆に，点 $Q(-2,4)$ では局所比例関数が $\varDelta y=-4\varDelta x$ だ。この場合，$\varDelta x$ が正なら $\varDelta y$ は負となるので，点Qのあたりでは減少する関数となる。

同じように考えれば，$y=x^2$ の $x=a$ のところでの局所近似比例関数は⑭式，$\varDelta y=2a\varDelta x$ だから，a が正の領域では微分係数（＝局所近似比例関数の比例定数）$2a$ が正なので，$y=x^2$ は増加状態。そして，a が負のところでは $y=x^2$ は減少状態だとわかる。これは図3-13の $y=x^2$ のグラフから正しいことが確認できよう。

以上の議論は $y=x^2$ だけでなくどんな関数にも通用す

るので、次のことがわかる。

【微分係数による増減状態の判定】

関数の $x=a$ における微分係数 $f'(a)$ が、

正ならば、関数は $x=a$ において増加状態、

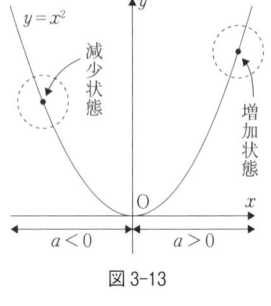

負ならば、関数は $x=a$ において減少状態

である。

図 3-13

　この判定方法を利用すると、とても重要なものを求めることができる。それは「極点」である。「極点」とは、関数が増加から減少に転じる点、または、減少から増加に転じる点のことだ。要するに、**局所的にみると山の頂上になっているか、谷底になっているような点**のこと。頂上になっている場合を**極大点**、谷底となっている場合を**極小点**と呼ぶ（図 3-14）。たとえば、$y=x^2$ のグラフでは原点 O が極小点である。

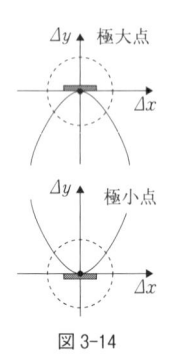

　このような極点は、局所的に見て増加状態でも減少状態でもない点であることから、この点における微分係数は正にも負にもなりえないため、ゼロとならなければならない。

　まとめると、

【極点における微分係数の法則】

$(a, f(a))$ が $y=f(x)$ の極点であるとき，微分係数 $f'(a)$ は 0 である。

以上の2つの法則は，関数のグラフを描いたり，関数の最大値や最小値を求めたりするときに巧く利用できる。具体例として，2次関数

$$y = f(x) = x^2 - 6x + 10 \quad \cdots ⑯$$

のグラフを描いて，その最小値を求めることとしよう。

まず，$x=a$ における2次関数⑯の微分係数を求める。

$$\frac{f(a+\Delta x) - f(a)}{\Delta x}$$

$$= \frac{(a+\Delta x)^2 - 6(a+\Delta x) + 10 - a^2 + 6a - 10}{\Delta x}$$

$$= \frac{2a\Delta x - 6\Delta x + (\Delta x)^2}{\Delta x}$$

$$= 2a - 6 + \Delta x$$

したがって，$\Delta x \to 0$ として，2次関数⑯の $x=a$ における微分係数が $(2a-6)$ であることを突き止められた。これと先ほどの2つの法則を使うと，

$2a-6 < 0$ ならば　$f(x)$ は減小状態

$2a-6 > 0$ ならば　$f(x)$ は増加状態

$2a-6 = 0$ ならば　$f(x)$ の極点

ということがわかる。つまり，a が3 までは関数は減少し，3 を超えたところから増加に転じる。そして，$a=3$ のところで極点となり，減少から増加に転じる点だから極小点と

なる。グラフは図3-15のようになり、このグラフから、関数$f(x)$は$x=3$で極小値1を取ることがわかる。

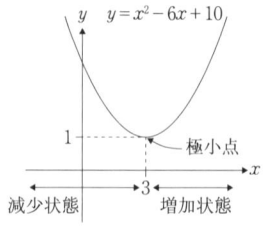

図3-15

†導関数の公式

微分係数を使うと、関数の増減を簡単に調べることができ、それを利用してグラフを描くことができ、関数の極小値や極大値を見出すことが可能となった。関数$f(x)$の$x=a$における微分係数を$f'(a)$と記したが、これは各点における局所近似比例関数の比例定数であり、接線の傾きを与えるものだ。各点で定義されているので、これを関数$f(x)$に付随して導出される新しい関数とみなすことができる。

この$f'(a)$におけるaをxと書き直すことで生み出される新しい関数$f'(x)$を$f(x)$の導関数と呼ぶ。関数$f(x)$からその局所近似比例関数の比例定数として「導かれる」からそう呼ばれるのである。たとえば、$f(x)=x^2$の$x=a$における微分係数は$f'(a)=2a$であったから、$f(x)=x^2$の導関数は$f'(x)=2x$となる、という具合だ。

導関数は、グラフの増減を教え、極点を教えてくれる。しかし、複雑な関数に対してその導関数を求めるには、導関数に関する代数法則を知ることが不可欠なのだ。ここで、それらの代数法則を3つだけ紹介しよう（他については、拙著『ゼロから学ぶ微分積分』を参照のこと）。

まずは、「関数の和」で作られた関数の導関数について。

関数 $f(x)$ と $g(x)$ があるとき，66 ページですでに解説したように，その和によって新しい関数 $h(x)=f(x)+g(x)$ を作ることができる。たとえば，$f(x)=x^2$ と $g(x)=6x$ の和によって，$h(x)=x^2+6x$ という関数ができる。このような和の関数 $h(x)$ の導関数と，もとの $f(x)$ の導関数，$g(x)$ の導関数との関係はどうなるだろうか。結論を先にいうと，和の関数 $h(x)$ の導関数 $h'(x)$ は，関数 $f(x)$ の導関数 $f'(x)$ と関数 $g(x)$ の導関数 $g'(x)$ の和となる，つまり，
$$h'(x) = f'(x)+g'(x)$$
が成り立つ。証明も簡単だ。

和の関数 $h(x)$ の $x=a$ のところでの増分は，明らかに $f(x)$ の増分と $g(x)$ の増分との和である。一方，$f(x)$ の増分は $f'(a)\Delta x$ で近似でき，$g(x)$ の増分は $g'(a)\Delta x$ で近似できるから，その和は，$(f'(a)+g'(a))\Delta x$ で近似できる。これによって，$h(x)$ の $x=a$ における微分係数は，$f'(a)+g'(a)$ だと判明するのである。まとめると，

【和の微分法則】
$h(x)=f(x)+g(x)$ の導関数は，
$$h'(x) = f'(x)+g'(x)$$

つまり，和の導関数は，各導関数の和になる。

次に，関数の積で作った関数の微分公式を与えることにしよう。これは，自然な感じではなく，意外な結果になる。結論をいうと，

【積の微分法則】

$h(x) = f(x)g(x)$ の導関数は,
$$h'(x) = f'(x)g(x) + f(x)g'(x)$$

つまり, 積の導関数は, 片方だけを導関数にした積を2種類加えたものである。なぜこうなるか。

$h(x) = f(x)g(x)$ の $x = a$ の近辺での増分は,
$$f(a+\Delta x)g(a+\Delta x) - f(a)g(a) \quad \cdots ⑰$$
で表される。ここで, $f(x)$ と $g(x)$ の $x = a$ の近辺での増分 $f(a+\Delta x) - f(a)$ と $g(a+\Delta x) - g(a)$ が, それぞれ, $f'(a)\Delta x$ と $g'(a)\Delta x$ で近似できることを思い出そう。このことより, $f(a+\Delta x)$ は, $f(a) + f'(a)\Delta x$ で, $g(x)$ は $g(a) + g'(a)\Delta x$ で近似できるから, これを上の⑰に代入すれば,

$$(f(a) + f'(a)\Delta x)(g(a) + g'(a)\Delta x) - f(a)g(a)$$
$$= f'(a)g(a)\Delta x + f(a)g'(a)\Delta x + f'(a)g'(a)(\Delta x)^2$$
$$\cdots ⑱$$

が⑰の近似となる。ここで思い出してほしいのは, 「局所近似比例式」では $(\Delta x)^2$ は削除する, という発想をしたことだ。したがって, 近似式⑱からさらに $(\Delta x)^2$ のついた項を削除すれば, 求めたかった $h(x)$ の局所近似比例関数が,

$$(f'(a)g(a) + f(a)g'(a))\Delta x$$

だと判明する。つまり, $h(x) = f(x)g(x)$ の $x = a$ における微分係数は $f'(a)g(a) + f(a)g'(a)$ ということになり, 証明が完了する。

最後に, 「関数の合成」で作られる関数についての導関数

の公式を与えよう。「関数の合成」というのは，第2章で解説したように，複数の関数を「つないで」ひとつの関数を生み出すことであり，世界の規則を分解して分析するためのものだった。だから，この公式はとても重要になる。

合成関数 $h(x)=g(f(x))$ の微分法則はどうなるだろうか。

理解しやすくするために，まず具体例で見てみることとしよう。今，$h(x)=(3x-5)^2$ を考える。この関数の $x=2$ での値は，$h(2)=(3\times 2-5)^2=1^2=1$ となる。では，$x=2$ のところでの $h(x)$ の微分係数 $h'(2)$ はいくつになるだろうか。

ここで，関数 $h(x)$ を2つの関数 $f(x)=3x-5$ と $g(x)=x^2$ との合成だととらえよう。実際，

$g(f(x)) = g(3x-5) = (3x-5)^2 = h(x)$

となっている。また，$x=2$ のところでは，

$2 \to f \to 1 \to g \to 1$

と計算される。局所近似比例関数は，

$f(x) = 3x-5$ の $x=2$ での近似 $\to 3\varDelta x$

　　　　　　（1次関数を局所比例関数に直したもの）

$g(x) = x^2$ の $x=1$ での近似 $\to 2\varDelta x$

　　　　　　（98ページで求めた公式）

そこで，$g(f(x))$ の増分を $x=2$ のところで近似するなら，$x=2$ の近辺で x が $\varDelta x$ だけ増えると，$f(x)$ はその3倍の $3\varDelta x$ 増える。すると，$x=1$ の近辺で $g(f(x))$ の中身が $f(a)$ から近似的に $3\varDelta x$ 増える（つまり，$g(f(a))$ から $g(f(a)+3\varDelta x)$ になる）わけだから，$g(f(x))$ は近似的に

第3章　無限小世界の冒険

その2倍分，すなわち$2 \times (3\Delta x) = 6\Delta x$増加することになる。ということは，$h(x) = g(f(x))$の$x=2$での微分係数は6ということになる。

以上の議論を一般化すると，$g(f(x))$の$x=a$における局所比例関数は，$f(x)$の$x=a$からの増分が$f'(a) \times \Delta x$で近似され，$g(x)$の$x=f(a)$からの増分が$g'(f(a)) \times$($f(x)$の$x=a$からの増分)で近似されることから，$g(f(x))$の$x=a$からの増分は，$g'(f(a))f'(a)\Delta x$で近似される。したがって，次の法則が得られる。

【合成の微分法則】
$h(x) = g(f(x))$の導関数は，
$$h'(x) = g'(f(x))f'(x)$$
つまり，合成関数の導関数は，それぞれの関数の導関数を掛けたもの。

ということになる。これは意味深い結果である。なぜなら，ひとつの規則（関数）を複数の規則（関数）に分解して，それらをつないだものとして表すなら，その微分係数は分解した関数の微分係数を順次掛け算しただけのものになる，という，まことにみごとな法則だからである。

†高次元の微分係数（偏微分係数）

微分係数の考え方を局所近似比例関数から理解できてしまえば，それを高次元の関数に拡張するのは難しいことではない。たとえば，高次元の関数$z = f(x, y)$とは，xとy

をインプットするとある規則でzが計算されるような規則である。

$$(x,y) \to f \to z$$

この関数の$x=a, y=b$での局所近似比例関数とは，$\alpha \Delta x + \beta \Delta y$という2変数の比例関数で，$f(x,y)$を$x=a, y=b$の近くで局所的に近似するものだと考えればいい。以下，具体例で解説することとしよう。

今，$f(x,y)=xy$という関数を考える。これはインプットされたxとyを掛け算してアウトプットする関数である。たとえば，$f(2,3)=2\times3=6$，という具合である。この関数の$x=2, y=3$での局所近似を考えよう。xが2からΔx増え，yが3からΔyだけ増えたとすると，関数の値は，

$$f(2+\Delta x, 3+\Delta y) = (2+\Delta x)(3+\Delta y)$$

となる。この値の$f(2,3)=6$からの増分は，

$$(2+\Delta x)(3+\Delta y) - 6 = 3\Delta x + 2\Delta y + \Delta x \Delta y$$

と計算できる。最後の項の$\Delta x \Delta y$は，$(\Delta x)^2$をそう考えたのと同様に，非常に微小な量として無視してしまおう。すると，$f(x,y)=xy$の$x=2, y=3$における局所近似比例関数が，

$$3\Delta x + 2\Delta y$$

と求まる。このとき，Δxの係数を$f(x,y)$のx方向の偏微分係数と呼び，$f_x(2,3)$と記す。すなわち，

$$f_x(2,3) = 3$$

同様にして，Δyの係数を$f(x,y)$のy方向の偏微分係数と呼び，$f_y(2,3)$と記す。すなわち，

$$f_y(2,3) = 2$$

となる。一般には，
$$\Delta z = f_x \Delta x + f_y \Delta y$$
と書ける。

偏微分係数を求める操作を「偏微分」という。これも本章の方法とほぼ同じに展開することができるのだが，大学数学の内容なのでこれ以上は踏み込まないことにする（詳しくは，拙著『ゼロから学ぶ微分積分』にて）。

† 無限小の国の算術

最後に，微分係数についての少し哲学的なフォローを付け加えるとしよう。実用面では，これまでの解説で十分なので，不要だと思う読者はこの最終節はスキップしてかまわない。

$y=x^2$ のグラフである放物線上の点 $P(1,1)$ において，Pのごく近くでは，2次関数 $y=x^2$ のふるまいは，比例定数が2である比例関数 $\Delta y = 2\Delta x$ で近似できることがわかった。しかし，実際の関数を局所座標で表すと，$\Delta y = 2\Delta x + (\Delta x)^2$ だったわけだから，$\Delta y = 2\Delta x$ はあくまで「近似」であって，実際は計算結果が $(\Delta x)^2$ の分だけ異なっている。

図3-16を見ればわかるように，$y=x^2$ と $\Delta y = 2\Delta x$ の計算結果が一致するのは，点Pのみにおいてである。しかも，点Pにおいては，$\Delta y = 2\Delta x$ は，$0 = 2 \times 0$ というアタリマエの内容になってしまっている。

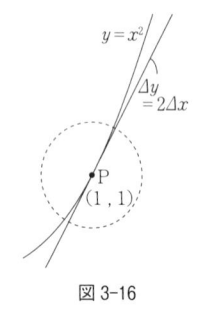

図3-16

しかし、この点について、数学者たちは「近似」というあいまいなとらえ方ではなく、なんとか、「等しい」という表現をとりたいと考えた。そのために、数学者たちは、奇妙な認識世界を生み出したのである。それは、**点Pは1点であるにもかかわらず、そこに広がりのある空間を幻として見出そう**、という発想だった。

　点Pを膨らみのある空間τだとみなすことができるとき、その空間τにおいては、$y=x^2$ と $\Delta y=2\Delta x$ は同じ計算結果となる、がんばってそうみなすのである。もちろん、空間τは、架空の空間、空想の理想世界にすぎない。つまり、通常の空間ではない。そこで、この無限に小さい幻の空間τで比例関数を扱っていることを明示的に表すために、数学者たちは Δ の代わりに d という記号を使うことにした。つまり、空間τにおける比例関数を、

　　$dy = 2dx$

と表現したのである。ここで dx や dy は、具体的な大きさを持つものではなく、「無限小の増分」だと考える。このように d 記号を使ったときは、$y=x^2$ と $dy=2dx$ は、（近似するのではなく）「一致している」とみなす。つまり、点Pの周りの無限小の膨らみである架空の空間τにおいては、$y=x^2$ は $dy=2dx$ という比例関数そのものとなっている、と考えるわけである。その様子を表したのが、図3-17なのだ。

　この考えを使うと、関数 $y=f(x)$ の $x=a$ における空間τに

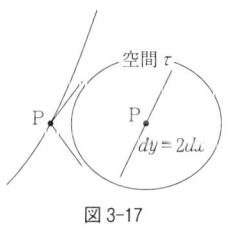

図3-17

おける表現は,
$$dy = f'(a)dx$$
ということになる。両辺を形式的に dx で割り算するなら,
$$\frac{dy}{dx} = f'(a)$$
と書くことができる。この表現を受け入れるなら，微分係数（あるいは導関数）を $\frac{dy}{dx}$ と書いてよい。

実際，この記号法も高校数学では頻繁に用いられている。高校数学の教え方では，これはオマジナイの記号のようにしか見えないが，「無限小の増分」という概念を導入するなら，自然な記法となる。微分係数とは関数のグラフの1点を広がりのある架空の空間 τ とみなして，そこでは曲線は直線となり，その比例定数は無限小の理想的局所座標 dx と dy の比例関係で表される，ということなのである。このようなとらえ方を「無限小算術」と呼ぶ。

ちなみに高次元の関数 $z = f(x, y)$ の場合は,
$$dz = f_x(a, b)dx + f_y(a, b)dy$$
のように表される。これは全微分と呼ばれる。

以上のような記述方法に現代数学の思想が如実に現れている。すなわち，曲線とは無限小の直線的空間 τ を無限個つなぎ合わせたものであり，そのような局所的な空間を総合すれば巨視的に曲線全体が見える，ということである。本章の冒頭で，数学者デカルトやフェルマーが垣間見た「無限小」がこういった形で具体化されたというわけなの

だ。

　読者は，このような空間 τ が荒唐無稽だと，あるいは論理破綻だと心配するかもしれない。しかし，そういう心配は無用である。20世紀に完成された数学基礎論という分野において，このような1点に膨らみを与えた空間は，論理的に何の破綻もない形で構成することが可能であることが完全無欠に証明されたからだ（とはいっても，非常に難解な理論である）。

　微分は，非常に実用的な優れた技術であると同時に，非常に思弁的で哲学的な深い洞察を与える素材でもある。

第 4 章

連立方程式を
めぐる冒険

†ツルカメ算と連立方程式

　読者は小学生のとき，ツルカメ算と呼ばれる問題を解いたことがあるだろう。次のような問題だ。

　「ツルとカメが合わせて5匹いる。足は合計14本である。それぞれ何匹いるか」

　解き方は，とても面白い方法だ。まず，「仮に全部ツルだった」と仮定する。これはあくまで仮定であり，結局本当でないことがあとでわかるが，「間違った仮定」からそれ以外の情報が得られることが解法の糸口となるのだ。

　全部ツルだったと仮定すれば，足は5匹×2本＝10本のはず。しかし，これでは足の合計14本に4本足りない。だから，仮定自体は間違っている。しかし，14−10＝4本の足が余っていることがわかり，これはとても重要なことを教えてくれる。すなわち，足が余っている分は，カメがツルより足が2本多いことから来る，とわかるからである。ツルをカメに置き換えると，その度に足が2本ずつ増える。余っている足は4本だから，ツルを4÷2＝2匹だけカメに置き換えれば，ぴったりになる。したがって，カメが2匹で，ツルが3匹とわかる。

　以上がツルカメ算の解法だが，中学生になると，これを連立方程式で解く方法を教わる。ツルを x 匹，カメを y 匹とすれば，「合わせて5匹」から，$x+y=5$ という式が得られ，また，ツルの足の本数＝$2\times x$，カメの足の本数＝$4\times y$ から，$2x+4y=14$ という式を得られ，次の連立方程式がたてられる。

$$\begin{cases} x+y = 5 \\ 2x+4y = 14 \end{cases} \quad \cdots ①$$

　これを解くには，上の式の両辺に4を掛けて，$4x+4y=20$ を得て，この式と下の式を右辺同士，左辺同士，引くと，$2x=6$，という y の消えた式が得られる。この両辺を2で割れば，$x=3$，とわかる。これと上の式から，$y=2$ を得て，解は $x=3, y=2$ とわかる。つまり，ツルが3匹，カメが2匹と求まる次第。

　この解法を教わったとき，「小学生の頃に教えてくれれば，あんなに苦労しなかったのに」と恨み節になった人も多かろう。算数のときにはツルカメ算，流水算，旅人算，和差算などと解法が個別に設定されていた問題すべてを，連立方程式は一挙に同じ方法で解いてしまう。まさにパワフルな道具なのである。

　このようなことが可能になるのは，「文字式」のおかげなのである。第2章61ページ以下で解説したように，文字式には2つの機能がある。第一は，事象を一般的・抽象的に記述する機能である。つまり，文字式を使えば，特定の例に依拠することなく，その事象の数的本質を写し取ることが可能となる。そして第二は，一度できごとを数式にしてしまえば，それは決まった手順（アルゴリズム）で，機械的に操作できることである。文章題を方程式で解く，ということは，おおざっぱに言えば，この文字式の2つの機能を有効利用していることなのである。

　本章では，このような連立方程式を主役に，「**クラメールの公式**」と呼ばれる連立方程式の一般解法の解説をするこ

ととしよう。

†クラメールの公式

x, y を未知数とする 2 本の式の連立方程式は，一般には次のような形だ。

$$\begin{cases} ax + cy = p \\ bx + dy = q \end{cases} \cdots ②$$

ここで，a, b, c, d, p, q は事前に与えられる定数であり，x, y が求めたい未知数である。先ほどのツルカメ算の例でいうなら，$a=1, b=2, c=1, d=4, p=5, q=14$ となる。

この一般的な連立方程式を機械的に解いてみよう。さきほどのツルカメ算で行ったことを抽象化させるだけだから，がんばって読んでいただきたい。

まず，先ほどと同じように y を消去するため，上の式に d を掛け，下の式に c を掛け y の係数を同じにして，辺々を引き算する。

$$\begin{array}{r} adx + cdy = dp \\ -)\ bcx + cdy = cq \\ \hline (ad - bc)x = dp - cq \end{array}$$

ここで $(ad - bc)$ が 0 の場合は分類が面倒になるので，0 でないと仮定して解を出すと，

$$x = \frac{dp - cq}{ad - bc} \quad \cdots ③$$

と x が求まる。同様にして，x の係数を同じにするために，上の式に b を掛け，下の式に a を掛けて，辺々を引き算することで，

$$y = \frac{aq-bp}{ad-bc} \quad \cdots ④$$

が得られる。③④で表される解の公式のことを「**2未知数2連立方程式のクラメールの公式**」と呼ぶ。クラメールは，この公式（の一般形）を与えた18世紀の数学者の名前である。たとえば，①のツルカメ算の連立方程式を解きたいなら，$a=1, b=2, c=1, d=4, p=5, q=14$ を③と④に代入して，

$$x = (20-14) \div (4-2) = 3$$
$$y = (14-10) \div (4-2) = 2$$

となって，アッという間に，さきほど得られた解が再現される。

ここで注目したいのは，解の公式③④に共通の分母 $(ad-bc)$ が出てきたこと。これはいったいナニモノだろうか。さらには，分子の方も似たような計算が出現しているではないか。これは偶然だろうか必然だろうか。必然なら，どんな意味があるのだろうか。

先回りして答えをいうと，これは全くの必然であり，深い意味があることなのである。実は，「クラメールの公式」にはもっと明快な表現の仕方があり，それを発見できると，**未知数がいくつの連立方程式であろうと共通の方法で解の公式を作れる**，とわかる。順を追って，この「クラメールの公式」の意味に迫っていくこととしよう。

†連立方程式をベクトルで表す

「クラメールの公式」の秘密をつきとめるためにはまず，

謎の計算 ($ad-bc$) の正体を解き明かす必要がある。その第一歩は，**連立方程式をベクトル計算で表現する**ことだ。ベクトルとは，第1章で解説された「平面上の移動を表す2次元の数」のことである。48ページでも解説したが，ベクトルの効能は，並行計算（複数の数で同じ計算をすること）を簡易に表現できてしまうことだった。2未知数2連立方程式の左辺は，並行計算の典型的な例である。たとえば，連立方程式①の左辺は，上の式も下の式も「ある数に x を掛け，ある数に y を掛け，それらを加え合わせる」という形式になっている。具体的にいうと，上の式は，

　「1 に x を掛け，1 に y を掛け，加え合わせる」

という計算，下の式は，

　「2 に x を掛け，4 に y を掛け，加え合わせる」

という計算である。

であるから，これらの平衡計算は，ベクトルを使っていっぺんに表現することができる。実際，2つのベクトル，

$$\begin{pmatrix}1\\2\end{pmatrix}, \begin{pmatrix}1\\4\end{pmatrix}$$

を考え，前者に x を掛け，後者に y を掛けると，数ベクトルの計算法則（47ページ）から，

$$x\begin{pmatrix}1\\2\end{pmatrix}+y\begin{pmatrix}1\\4\end{pmatrix}=\begin{pmatrix}1x\\2x\end{pmatrix}+\begin{pmatrix}1y\\4y\end{pmatrix}=\begin{pmatrix}x+y\\2x+4y\end{pmatrix}$$

となる。上段の式は①の上の式の左辺であり，下段の式は①の下の式の左辺である。したがって，連立方程式①は，

$$x\begin{pmatrix}1\\2\end{pmatrix}+y\begin{pmatrix}1\\4\end{pmatrix}=\begin{pmatrix}5\\14\end{pmatrix} \quad \cdots ⑤$$

とベクトルを使って表すことができる。ここで，

$$\begin{pmatrix} 1 \\ 2 \end{pmatrix} = \vec{a}, \ \begin{pmatrix} 1 \\ 4 \end{pmatrix} = \vec{b}, \ \begin{pmatrix} 5 \\ 14 \end{pmatrix} = \vec{m}$$

と頭に → のあるベクトル表記しておくと，⑤は

$$x\vec{a} + y\vec{b} = \vec{m} \quad \cdots ⑥$$

と非常に見やすい式で書ける。頭に → が付いていることに目をつぶれば，これはまるで普通の1本の文字式となっている。もともとは，2本の方程式だったものが，1本の方程式になっているのである。このことは，3本の連立方程式になっても，4本の連立方程式になっても同じである。n 未知数 n 連立方程式を1本の方程式で表してしまうことができるのである。これが高次元をひとくくりで扱うベクトルという道具のご利益なのだ。

　そればかりではない。⑥のように表現すると，本来の連立方程式の意味とはかなり別物に変わっているのである。この式をベクトルの当初の定義，すなわち，平面上の移動を表すものとして意味を取るなら，次のようになる。

「$\vec{a}$ の移動を x 回行い，その後に $\vec{b}$ の移動を y 回行うと，結局，$\vec{m}$ の移動と同じ」

　このことを踏まえて，⑤（または⑥）のベクトル方程式を図解してみよう。43～45ページで解説したが，「k ×（ベクトル）はベクトルを k 倍に伸ばす」こと，そして「（ベクトル）＋（ベクトル）はベクトルをつなぐ」ということだったのを思い出そう。

　$\vec{a}$ を O から A(1, 2) への移動，$\vec{b}$ を O から B(1, 4) への

移動とすると，$\vec{xa}$ は線分 OA を x 倍に延長した OD，$y\vec{b}$ は線分 OB を y 倍に延長した OE となり，OD と OE を 2 辺とする平行四辺形の残る頂点が，$\vec{m}$ による O からの移動先を表す点 M(5, 14) となるわけだ。この図 4-1 を正しくするような x, y が連立方程式①の解なのである（見やすさを優先し，図では点 (1, 2) や点 (1, 4) などの位置をずらしてある）。

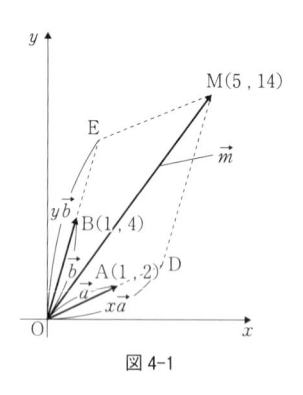

図 4-1

　同じように，一般の連立方程式②をベクトル表現してみると，

$$x\begin{pmatrix} a \\ b \end{pmatrix} + y\begin{pmatrix} c \\ d \end{pmatrix} = \begin{pmatrix} p \\ q \end{pmatrix} \quad \cdots ⑦$$

となる。左辺の 2 つのベクトルを順に，$\vec{a}, \vec{b}$ とし，右辺のベクトルを $\vec{m}$ と置くなら，この式もやはり⑥式と同じ式になる。これからやろうとしているのは，⑥式をこの形式のままで x, y について解く方法を編み出すことである。

† $(ad-bc)$ の正体をあばく

　ではここで，予告したとおり，「$(ad-bc)$ の正体とはいったい何か？」を解明することとしよう。結論を先に言ってしまうと，

$(ad-bc)=$「$\vec{a}$ と $\vec{b}$ を 2 辺とする平行四辺形の（符号付き）面積」

ということなのである。ただしここで，符号付き面積，というのは，面積にマイナス記号をつけることを許したものを意味する。実際，$(ad-bc)$ は，a,b,c,d の数次第ではマイナスになりうることは考えるまでもなくわかるだろう。

　さて，上記の証明は，次のようにすればよい。

　まず，使い勝手のいい原理をひとつ紹介しておく。

【等積移動の原理】

　図 4-2 のように，平行四辺形の 1 辺を固定したまま，それと平行な直線上のどこにその対辺を置いても平行四辺形の面積は同じである。

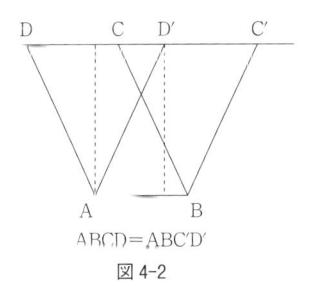

D　　C　D'　　　C'

A　　　　B

ABCD=ABC'D'

図 4-2

　これは，平行四辺形の面積（底辺）×（高さ）において平

第 4 章　連立方程式をめぐる冒険　131

行四辺形の底辺（図の AB）と高さ（図の点線）が同じであることから成り立つ。

この原理を使って，「$\vec{a}$ と $\vec{b}$ を2辺とする平行四辺形の（符号付き）面積」を求めることにしよう。まず，「等積移動の原理」によって，図4-3のように，$\vec{a}$ と $\vec{b}$ を2辺とする平行四辺形と同じ面積を持つ長方形を作っておく。

これから，平行四辺形 OACB の面積を求めるには，長方形 OKHG の面積を計算すればいいとわかる。K の座標は $(a, 0)$ であるから，G の座標がわかればいい。

G は直線 BC と y 軸との交点（y 切片）であるから，直線 BC を表す1次関数を求めればいい。

BC と OA は平行なので，BC の傾きは OA の傾きに等しい。OA は原点から右に a，上に b 進む直線だから傾きは $\dfrac{b}{a}$ である。したがって BC の傾きも $\dfrac{b}{a}$ となる。よって，BC が表す1次関数は，

$$y = \frac{b}{a}x + \alpha$$

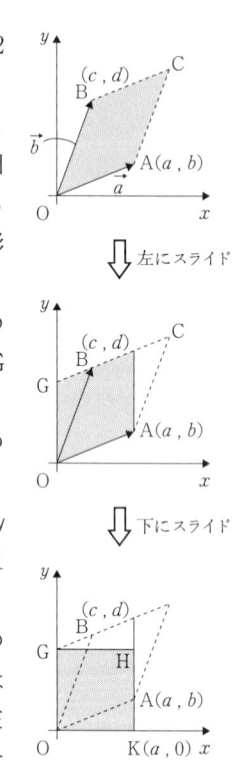

図 4-3

と書ける。あとはαを求めればいい。直線BCが点B(c,d)を通ることから、$x=c, y=d$として、

$$d = \frac{b}{a}c + \alpha \rightarrow \alpha = d - \frac{bc}{a}$$

とαが求まる。したがって、

「$\vec{a}$と$\vec{b}$を2辺とする平行四辺形の（符号付き）面積」
= 長方形OKHGの（符号付き）面積
= $\alpha \times a = \left(d - \frac{bc}{a}\right)a = ad - bc$

これで証明が完了した。

2つのベクトル$\vec{a}=\begin{pmatrix}a\\b\end{pmatrix}$と$\vec{b}=\begin{pmatrix}c\\d\end{pmatrix}$とから、「斜めに掛けて引き算をして」得られる計算式（$ad-bc$）のことを**行列式**と呼ぶ。記号では、$\det(\vec{a},\vec{b})$と記す。ここで、detとはdeterminant（行列式）から来ている。この計算は、2つのベクトル$\vec{a},\vec{b}$を与えれば計算できるから、「2つのベクトルの掛け算」の一種だと思えばいい。第1章で、内積というベクトル×ベクトルを紹介したが、行列式も別のベクトル×ベクトルだとみなせる。

【行列式の定義】

$$\det(\vec{a},\vec{b}) = \det\left(\begin{pmatrix}a\\b\end{pmatrix},\begin{pmatrix}c\\d\end{pmatrix}\right) = ad - bc$$

行列式とは、2つのベクトルを2辺とする平行四辺形の符号付き面積で、$\vec{a}$から$\vec{b}$へが左回りの回転ならプラス、

第4章 連立方程式をめぐる冒険　133

右回りの回転ならマイナスの数値となる。マイナスの場合も，マイナス記号を無視すれば，平行四辺形の面積と一致する。

†行列式の代数

行列式を(ベクトル)×(ベクトル)の一種だと理解するなら，この新しい「掛け算」に対して，それが備える代数法則を知っておくと便利だ。以下，列挙しよう。

最初の法則は，

【一致退化法則】 $\det(\vec{a}, \vec{a}) = 0$

これは「**同じベクトルに対する行列式はゼロになる**」ということを意味する。具体的に計算しても確かめられるが，「2つのベクトルが一致してしまうとそれらを2辺とする平行四辺形はつぶれてしまうので面積はゼロになるから」と理解すれば計算なんかいらない。

第二の法則は，

【交代法則】 $\det(\vec{b}, \vec{a}) = -\det(\vec{a}, \vec{b})$

要するに，「**左右のベクトルを入れ替えると行列式の符号は反転する**」ということだ。これは具体的に計算して確認してほしい。あるいは，「ベクトルの回転の向きが反対になるが，平行四辺形の面積自体は変わらないから，符号付き面積は正負が逆転する」，と理解してもよい。

第三の法則は,

【分配法則】
$$\det(\vec{a}, \vec{b}+\vec{c}) = \det(\vec{a}, \vec{b}) + \det(\vec{a}, \vec{c})$$
$$\det(\vec{a}+\vec{b}, \vec{c}) = \det(\vec{a}, \vec{c}) + \det(\vec{b}, \vec{c})$$

ようするに,「行列式を計算するベクトルの片方を2つのベクトルの和にした場合,その行列式の値は,2つのベクトルそれぞれに対する行列式を計算してから足したものといっしょ」,ということなのである。

この証明は図4-4で理解するのが近道だろう。左右の網掛けの平行四辺形について,㋐の部分の面積同士,㋑の部分の面積同士は,先ほどの等積移動の原理から一致する。左の網掛け部の面積が $\det(\vec{a}, \vec{b}+\vec{c})$ であり,右側の網掛け部の面積が $\det(\vec{a}, \vec{b}) + \det(\vec{a}, \vec{c})$ だから,これで証明は終わった。

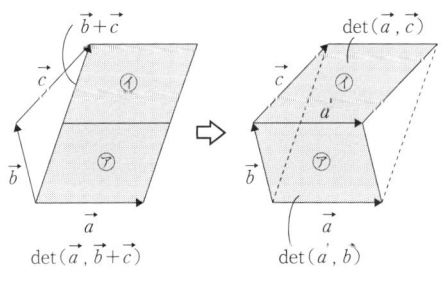

図4-4

最後の法則は,

【定数倍法則】
$$\det(k\vec{a},\vec{b}) = \det(\vec{a},k\vec{b}) = k\det(\vec{a},\vec{b})$$

である。これは,「行列式の一方のベクトルをk倍すると,その行列式の値は元の行列式の値のk倍になる」ということを意味している。

この証明も,図4-5のように面積から理解すれば,当たり前に思えることだろう。

行列式は,高次元代数の重要な道具になるのだが,それはこのような代数操作を簡単にする特徴的な法則を備えているからである。内積や行列式など,一見奇妙に見える計算が使われるのは,それがベクトルの足し算や実数倍などを操作しやすい法則を持っているからに他ならない。

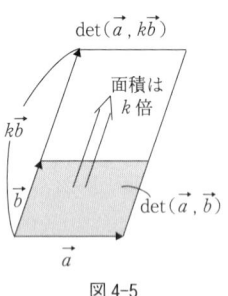

図4-5

†クラメールの公式をもっと見やすくしよう

さて,これらの行列式の計算法則を巧く使うと,連立方程式②の解である「2未知数2連立方程式のクラメールの公式」③④をもっと見やすく書き換えることができる。というか,ベクトルのままで方程式を解いて,xとyを求めてしまうことが可能になるのである。

まず,次の当たり前の式からスタートする。次の式は,左辺と右辺は同じものだから,明らかに成り立つ。

$$\det(\vec{m}, \vec{b}) = \det(\vec{m}, \vec{b})$$

次に，連立方程式②をベクトルで表した $x\vec{a}+y\vec{b}=\vec{m}$ が成り立つから，$x\vec{a}+y\vec{b}$ を上式の左辺の $\vec{m}$ と置き換えることにしよう。

$$\det(x\vec{a}+y\vec{b}, \vec{b}) = \det(\vec{m}, \vec{b}) \quad \cdots ⑧$$

この式の左辺を，行列式の計算法則で変形していこう。「分配法則」→「定数倍法則」→「一致退化の法則」の順に使う。

$$左辺 = \det(x\vec{a}+y\vec{b}, \vec{b}) = \det(x\vec{a}, \vec{b}) + \det(y\vec{b}, \vec{b})$$

↑「**分配法則**」で2つに分かれた

$$= x\det(\vec{a}, \vec{b}) + y\det(\vec{b}, \vec{b})$$

↑「**定数倍法則**」で x と y が外に出た

$$= x\det(\vec{a}, \vec{b})$$

↑「**一致退化の法則**」から2項目が0となって消えた

よって，⑧式は，

$$x\det(\vec{a}, \vec{b}) = \det(\vec{m}, \vec{b})$$

と簡単になる。ここで，$\det(\vec{a}, \vec{b}) \neq 0$ なら，両辺を $\det(\vec{a}, \vec{b})$ で割り算して，

$$x = \frac{\det(\vec{m}, \vec{b})}{\det(\vec{a}, \vec{b})} \quad \cdots ⑨$$

と x を求めることができる。全く同様に $\det(\vec{a}, \vec{m})$ を考えることで，y のほうも，

$$y = \frac{\det(\vec{a}, \vec{m})}{\det(\vec{a}, \vec{b})} \quad \cdots ⑩$$

と求めることができる。⑨が③と同じ式で，⑩が④と同じ式になるのだ（読者は，各自で計算して確かめてみられた

し)。これを眺めれば，ナゾだったクラメールの公式③④の秘密が明快にわかるだろう。要するに，クラメールの公式とは，連立方程式の解を平行四辺形の面積比で表現したもののことなのだ。

†クラメールの公式を目で見よう

前節で，連立方程式の解を求めるクラメールの公式が，結局は，

　　(平行四辺形の面積)÷(平行四辺形の面積)

という形であることがわかった。計算では確かにそうなるのだが，このままではイメージがわかない。そこで，このことを図形を使って直接的に理解することを試みることにしよう。もう一度，連立方程式①をベクトル方程式⑤（あるいは⑥）に書き換え，それを図示したものを見てみよう。図4-6である（見やすさを優先し，点(1,2)や点(1,4)など

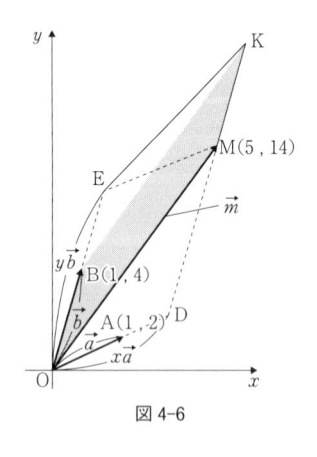

図 4-6

の位置をずらしてある）。

この図において，

　　平行四辺形OMKBの（符号付き）面積 $= \det(\vec{m}, \vec{b})$

である。再び，等積移動の原理から，図4-7のように，

　　平行四辺形OMKBの（符号付き）面積

　　　$=$ 平行四辺形ODLBの（符号付き）面積

となる。

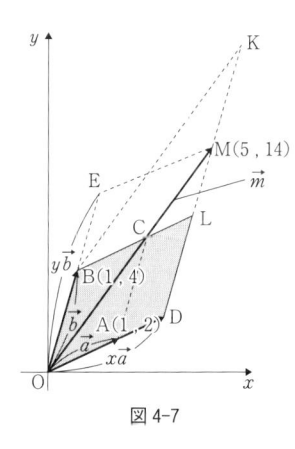

図4-7

したがって，⑨の割り算は，

　　⑨ $=$（平行四辺形ODLBの面積）$\div$（平行四辺形
　　　　OACBの面積）

ということを意味しているとわかる。2つの平行四辺形は辺OBを共有しているので，この割り算は，

　　$OD \div OA$

と一致する。これは「ベクトル$\vec{a}$を何倍に延長したらベクトル$\overrightarrow{OD}$になるか」という「延長率」を意味するので，まさ

第4章　連立方程式をめぐる冒険　139

に方程式①(あるいは⑤)の解 x を求めたことになるのである。解 y についてもまったく同様である。

↑クラメールの公式は一般に成り立つからスゴイのだ

以上の議論は,3未知数3連立方程式でも全く同じに進めることができる。

目標は,一般的な3未知数3連立方程式,

$$\begin{cases} a_1 x + b_1 y + c_1 z = p_1 \\ a_2 x + b_2 y + c_2 z = p_2 \\ a_3 x + b_3 y + c_3 z = p_3 \end{cases} \cdots ⑪$$

にクラメールの公式を与えることである。

まず,⑦と同様に,連立方程式⑪も下のようなきれいな式で表すことができる。

$$x \begin{pmatrix} a_1 \\ a_2 \\ a_3 \end{pmatrix} + y \begin{pmatrix} b_1 \\ b_2 \\ b_3 \end{pmatrix} + z \begin{pmatrix} c_1 \\ c_2 \\ c_3 \end{pmatrix} = \begin{pmatrix} p_1 \\ p_2 \\ p_3 \end{pmatrix} \cdots ⑫$$

登場するベクトルを,左辺のものは順に,$\vec{a}, \vec{b}, \vec{c}$,右辺のものは $\vec{m}$ と書けば,⑫式は,

$$x\vec{a} + y\vec{b} + z\vec{c} = \vec{m} \quad \cdots ⑬$$

というふうに,⑥式と同じ形式の式になる。

次に,$\det(\vec{a}, \vec{b}, \vec{c})$ を,「$\vec{a}, \vec{b}, \vec{c}$ で作られる平行六面体の(符号付き)体積」と定義しよう。平行六面体とは,図4-8のような直方体をひ

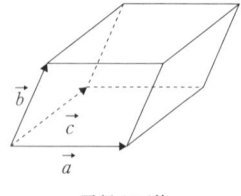

平行六面体
図4-8

140

しゃげさせた立体である。平行六面体の（符号付き）体積の求め方については，公式だけ紹介しておく（詳しくは，拙著『ゼロから学ぶ線形代数』参照）。

【平行六面体の体積を求めるサラスの公式】
$$\det(\vec{a},\vec{b},\vec{c}) = a_1 b_2 c_3 + a_2 b_3 c_1 + a_3 b_1 c_2 - a_1 b_3 c_2 - a_2 b_1 c_3 - a_3 b_2 c_1$$

非常におぞましい式だが，3次元空間の平行六面体の体積がこのような（多項）式で計算できるのは意外だと思えるに違いない。

さて，3次元のベクトルについても134ページ以下の「一致退化法則」「分配法則」「定数倍法則」の各法則とそっくりの法則が成り立つ。したがって，136ページ以下と全く同じ手順で⑬を満たすx, y, zを計算できる。結果だけ与えることにする。

【3未知数3連立方程式のクラメールの公式】
($\det(\vec{a},\vec{b},\vec{c}) \neq 0$を仮定する)
$$x = \frac{\det(\vec{m},\vec{b},\vec{c})}{\det(\vec{a},\vec{b},\vec{c})}, \ y = \frac{\det(\vec{a},\vec{m},\vec{c})}{\det(\vec{a},\vec{b},\vec{c})},$$
$$z = \frac{\det(\vec{a},\vec{b},\vec{m})}{\det(\vec{a},\vec{b},\vec{c})}$$

言葉でいうと，3元3連立方程式の解の公式は，
　（平行六面体の体積）÷（平行六面体の体積）

によって表される，ということである。この公式は何次元であっても，同様の形で成り立つことは想像に難くないだろう。このことが，高次元代数のパワーを如実に表しているといっていい（もちろん，高次元の体積を定義する必要がある）。

　ただし，クラメールの公式は実際の数値計算では実用的でないのであまり使われない。あくまで連立方程式の解が体積比という図形的な量でとらえられる，という事実そのものが科学的に有益なのである。

第 5 章

面積をめぐる冒険

†無限小を無限個足し合わせる

　曲線で囲まれた図形，たとえば，円や放物線のような図形の面積を一般的に求める方法を開発することは数学者の夢であった。個別には，円や放物線は，紀元前の数学者アルキメデスによって求められていたが，それは普遍的な方法論にはつながらなかった。これが可能となったのは，17世紀にフェルマー，デカルト，ニュートン，ライプニッツなどによって，「無限小」の計算ができるようになったときであった。それは，「無限小を無限に集計する」積分という技術によってである。

　ざっくりと積分のアイデアを述べると次のようになる。

　図5-1を見てみよう。曲線で囲まれた左側の図形Xを，右側のように無数の線分に分解してしまう。そして，この無数の線分の［面積］を集計したものが図形Xの面積になる，と考えられる。

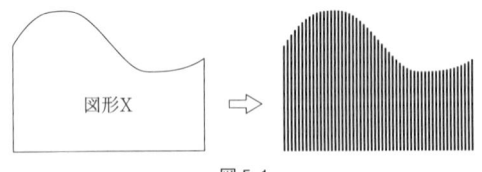

図5-1

　しかし，この発想は安易すぎる。なぜなら，第一に，線分の面積はゼロであり，ゼロはいくつ足してもゼロだ。ゼロも無限個足すとゼロじゃなくなるかもしれない，という反論もありうるだろう。だが，では，無限個足すとはどういうことだろうか。

　図形を無限個の線分に分解する，というアイデアは，上

記のような困難を抱えているので，そのままでは使えない。しかし，捨ててしまうのはおしい。では，どうすればいいか。本章では，順を追って，積分の考え方に迫っていくことにしよう。

†変化を足し合わせる

体重を気にしている人は，毎日体重を測るだろう。その際に注目するのは，2つの量だ。1つは実際の体重，もう1つは「体重が昨日に比べてどのくらい増減したか」という「変化量」である。

この2つの量の間には，密接な関係がある。それは，「ある日からある日までの変化量を足し合わせると，最後の日の体重から最初の日の体重を引き算したものになる」という関係だ。具体例で説明しよう。たとえば，「前日からの体重の増加」を先週の月曜から先週の土曜までの1週間分測ったところ次のようだったとする。

　　$+0.3, +0.2, +0.1, +0.1, +0.5, +0.2$
　　　　　　　　　　（単位はキログラム）

このとき，次の式が得られる。

　　（月曜の体重）−（日曜の体重）＝ $+0.3$
　　（火曜の体重）−（月曜の体重）＝ $+0.2$
　　（水曜の体重）−（火曜の体重）＝ $+0.1$
　　（木曜の体重）−（水曜の体重）＝ $+0.1$
　　（金曜の体重）−（木曜の体重）＝ $+0.5$
　　（土曜の体重）−（金曜の体重）＝ $+0.2$

この最初の式から最後の式までの6個の式を辺々足し合

わせてみよう。

　まず，最初の2式を足すと，(月曜の体重)が相殺されて，

　　(火曜の体重)−(日曜の体重) = +0.3+0.2

となる。別の言葉でいえば，日曜から火曜までの体重の増加は，体重の増加を2日分足し合わせればいい，ということである。

　さらに，この式に3番目の式を足すと，(火曜の体重)が相殺されて，

　　(水曜の体重)−(日曜の体重) = +0.3+0.2+0.1

となる。これを続けると，最終的には，

　　(土曜の体重)−(日曜の体重)
　　　= +0.3+0.2+0.1+0.1+0.5+0.2

という式が得られる。このような「中間にある項が相殺されて，最初と最後だけ残る計算」のことを仮に「**中消し算**」と呼ぶことにしよう。

　次に，この計算を幅1の長方形で作った棒グラフで図示してみると図5-2の上図のようになる。この図が

　　(体重の増分から作った階段型の図形の面積)
　　　=(土曜の体重)−(日曜の体重)

を表すものである。この見方で見ると，

「増分たちで作った棒グラフの面積は，増分の元となる量の差で表される」 …(☆)

という法則が成り立つだろう。このことは図5-2の下図も合わせて眺めると明確になる。図5-2の折れ線グラフは各曜日の体重をグラフにしたものである。上図の棒グラフの

図 5-2

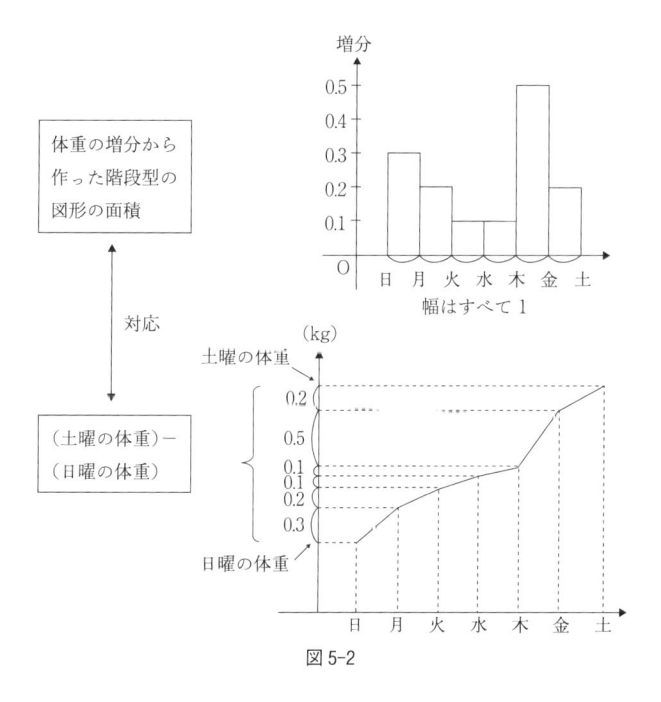

面積を合計していくことは、下図においては、折れ線グラフの高さが増していくことと対応するのである。実はこれこそが、本章で最も重要な発想であり、「**積分の原理**」なのである。

ただし、注意しなければならないのは、増分の中に負の数があるときは（体重の減少があるときは）、棒グラフは横軸の下に来る（図5-3）。この場合、上記の（☆）の法則では、**軸より下にある長方形の面積をマイナスとしてカウントしなければならない**。このように図形の面積に対して

第5章 面積をめぐる冒険　147

「負の面積」も可能としたものを**「符号付き面積」**と呼ぶ（面積にマイナスを認めるのは，第4章でも扱った）。

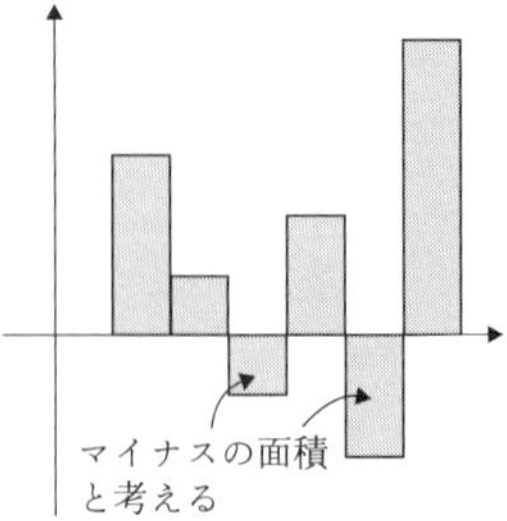

図5-3 マイナスの面積と考える

† 中消し算の応用

「中消し算」は，中学受験のための算数では定番中の定番だ。そして，大学受験になるともっと高度化して再登場する。たとえば，次のような問題は頻出である。

【問題】
$x = \dfrac{1}{1\times 2} + \dfrac{1}{2\times 3} + \dfrac{1}{3\times 4} + \cdots + \dfrac{1}{9\times 10}$ を計算しなさい。

この問題は，各項の分数を何かの「増分」としてとらえることで簡単に解くことができる。実際，

$$\dfrac{1}{1\times 2} = \dfrac{1}{1} - \dfrac{1}{2},\quad \dfrac{1}{2\times 3} = \dfrac{1}{2} - \dfrac{1}{3},\quad \dfrac{1}{3\times 4} = \dfrac{1}{3} - \dfrac{1}{4},\ \cdots$$

というふうに変形してみよう。つまり，各分数は，1の逆数，2の逆数，3の逆数と順に並べたものの，隣あう2項の差になっている，ということがわかる。中消し算を利用すれば，

$$x = \left(\dfrac{1}{1} - \dfrac{1}{2}\right) + \left(\dfrac{1}{2} - \dfrac{1}{3}\right) + \left(\dfrac{1}{3} - \dfrac{1}{4}\right) \cdots + \left(\dfrac{1}{9} - \dfrac{1}{10}\right)$$
$$= \dfrac{1}{1} - \dfrac{1}{10} = \dfrac{9}{10}$$

と，中にある2項ずつが相殺される。したがって，求めた

い x は，最初から最後を引いた値となるのだ。

次に，この中消し算の方法を使って，1から100までの和,
$$x = 1+2+3+\cdots+100$$
を計算してみよう。これは，19世紀の数学者ガウスが幼少の頃（小学校低学年の頃），授業をさぼりたい先生がこの問題を出題したが，ガウスがあっという間に答えを出して，先生のもくろみを打ち崩した，というエピソードで有名だ。ガウスは，x を計算するのに，最初と最後の和，2番目と最後から2番目の和，…がみな同じ値になることを利用し，
$$x = (1+100)+(2+99)+(3+98)+\cdots+(50+51)$$
$$= 101+101+\cdots+101 = 101 \times 50 = 5050$$
と瞬時に答えを出したのである。このエピソードはガウスの才能を示すには物足りない。その後，ガウスは18歳で，2000年も未解決だった問題「正五角形の次にコンパスと定規だけで作図できる，辺数が素数の正多角形は何か」をみごとに解決することになる天才だからである。それが正十七角形であることを突き止めたのだ。この偉業から，ガウスは数学の道に進むことを決意したそうだ。ガウスはその後も輝かしい業績をつみ上げていった。ちなみに，ガウスの記念碑には，正十七角形が描かれているという。

ここでは，x の計算を，ガウスの方法でなく，中消し算でやってみよう。そのために，
$$k = \frac{1}{2}k(k+1) - \frac{1}{2}(k-1)k$$

第5章 面積をめぐる冒険　149

という式を利用する（各自確認されたし）。この式の意味は、連続整数の積の半分を並べた中の、k番目のものから$k-1$番目のものを引くとちょうどkになる、ということだ。この式を利用すると、自然数$1, 2, 3, \cdots$が順に、

$$1 = \frac{1}{2} \times 1 \times 2 - \frac{1}{2} \times 0 \times 1 \quad (k = 1 \text{を代入})$$

$$2 = \frac{1}{2} \times 2 \times 3 - \frac{1}{2} \times 1 \times 2 \quad (k = 2 \text{を代入})$$

$$3 = \frac{1}{2} \times 3 \times 4 - \frac{1}{2} \times 2 \times 3 \quad (k = 3 \text{を代入})$$

$$\vdots$$

$$100 = \frac{1}{2} \times 100 \times 101 - \frac{1}{2} \times 99 \times 100 \quad (k = 100 \text{を代入})$$

と表される。すると、これら100個の式を辺々加え合わせれば、右辺で中消しが起きて、最初と最後だけ残り、

$$1 + 2 + 3 + \cdots + 100 = \frac{1}{2} \times 100 \times 101 - \frac{1}{2} \times 0 \times 1$$

$$= 5050$$

と求まる。

このことを、冒頭の「体重とその増分」でたとえて、説明してみよう。

今、ある人の第k日目の体重が

$$\frac{1}{2} k(k+1)$$

で表されている、としてみる。つまり、第0日目は$0 \times 1 \div 2 = 0$、第1日目の体重は$1 \times 2 \div 2 = 1$、第2日目の体重は、

$2\times3\div2=3$，第3日目の体重は$3\times4\div2=6$，…となっている。したがって，体重の増加は，$1-0=1$，$3-1=2$，$6-3=3$，…と，確かに$(k-1)$日目からk日目までがちょうどkである。とすれば，増分であるkを1から100まで動かして加え合わせると，体重はちょうど100日目の体重から0日目の体重を引き算したものとなるはず，そういうことなのである。つまり，

$1+2+3+\cdots+100$

$\quad =$ 体重の増加の100回分の和

$\quad =$ (第100日目の体重) $-$ (第0日目の体重)

$\quad = \dfrac{1}{2}\times100\times101-\dfrac{1}{2}\times0\times1$

$\quad = 5050$

ということだ。

† 図形の面積を細切れから求める

本章の冒頭で，体重の増分の和が棒グラフの面積と関連づけられることを解説した。このことと，中消し算とを合わせると，「積分」という技術に発展させることができる。以下，その道筋をたどろう。

今，図5-4のような直線$y=x$とx軸と$x=a$と$x=b$で囲まれる台形，言い換えると4点A$(a,0)$，B$(b,0)$，C(b,b)，D(a,a)を頂点とする台形（網掛け部）を考え

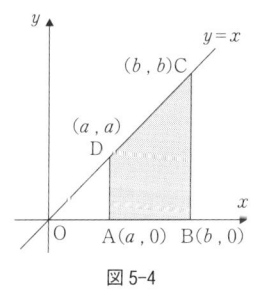

図 5-4

第5章 面積をめぐる冒険　151

る。この台形の面積を計算してみよう。台形の面積の求め方は,「{(上底)+(下底)}×(高さ)÷2」とわかってはいるが, 積分の考え方を理解するためにあえて, 台形のところに**「極細の長方形」**を置いて, その総面積を台形の面積の近似値として使うことにする。

x軸上に底辺を持ち, 幅がすごく小さい数hで, 高さが直線$y=x$上まである長方形を敷き詰めていく。図5-5のように, aから始まって, 幅hの長方形で, 左の辺がちょうど$y=x$の直線にぴったりはまるようにするのである。

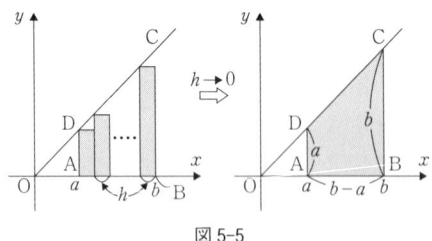

図5-5

これらの長方形で形成される「階段状の図形」と台形ABCDとを比較しよう。隙間はあるが, それは非常に小さいから, 面積がだいたい同じである, と想像されるだろう。つまり, **この階段状の図形の面積は, 台形の面積を近似している**, といえる。そればかりではない。長方形の幅hを0に近づければ, 隙間はどんどん小さくなって, 階段状の図形の面積は, 台形の面積そのものに近づいていくだろうことも推測される。これが積分のアイデアであり, 冒頭に話した「線分を無限個足し算する」という発想を改良したものなのである。

以上のことを具体的に計算して確認する。

　ここで，階段型の図形の面積は，(高さ)×(幅)の合計であり，幅はすべてhで，高さは順に，$a, a+h, a+2h, \cdots, b-h$となるから，

　(階段型図形の面積)
　　$= ah+(a+h)h+(a+2h)h+\cdots+(b-h)h$ …①

となる。この総和を計算するのは，前節の1から100までの和のときと類似した次の公式，

　　$xh = 0.5x(x+h) - 0.5(x-h)x$ …②

を利用して，中消し算に持ち込めばよい。具体的にいうと，

　$x = a$ を②に代入
　　→ $ah = 0.5a(a+h) - 0.5(a-h)a$

　$x = a+h$ を②に代入
　　→ $(a+h)h = 0.5(a+h)(a+2h) - 0.5a(a+h)$

　$x = a+2h$ を②に代入
　　→ $(a+2h)h$
　　　$= 0.5(a+2h)(a+3h) - 0.5(a+h)(a+2h)$

　　$\vdots$

　$x = b-h$ を②に代入
　　→ $(b-h)h = 0.5(b-h)b - 0.5(b-2h)(b-h)$

これらの式を辺々加え合わせれば，中消し算によって，

　① $= -0.5(a-h)a + 0.5(b-h)b$

という単純な答えとなる。さて，この式で，幅hを0に近づけていくと，

　$0.5(a-h)a$ は $0.5(a-0)a = 0.5a^2$ に近づき，

第5章　面積をめぐる冒険　153

$0.5(b-h)b$　は　$0.5(b-0)b = 0.5b^2$ に近づく。
　したがって，①式は
　　$0.5b^2 - 0.5a^2$
に近づくこととなる。一方，図5-5をもう一度見ればわかるとおり，
　　（△OBCの面積）$= 0.5b^2$，（△OADの面積）$= 0.5a^2$
であるから，結果として，
　　$0.5b^2 - 0.5a^2 =$ 台形ABCDの面積
が成り立つ。実際，この台形を｛(上底)＋(下底)｝×(高さ)÷2で計算するなら，
　　$(a+b)(b-a) \div 2 = 0.5b^2 - 0.5a^2$
となる。まとめると，

　階段型図形の面積は，幅hを0に近づけると，台形ABCDの面積に近づくということが，単なる憶測ではなく，きちんと計算によって裏付けられたことになる。

　以上から，ある図形の面積を求めたいとき，その図形に極細の長方形を埋め込んで，その階段型図形の面積を，求めたい図形の面積の近似値とみなし，その上で，長方形の幅を限りなく0に近づけていくと，求めたい図形の面積が計算できるだろう，ということがわかった。このような計算方法を「**リーマン積分**」とよぶ。リーマンとは，19世紀の有名な数学者の名前である。数学者リーマンは短命でありながら，多くの発見をした。特に2012年現在も未解決の素数に関する「リーマン予想」の提出者として名を残している。

　積分は高校数学では，微分の逆演算として導入される。

だから、面積がどうして微分と関連づくのか、多くの高校生にはピンとこないことになってしまう。本書でも、積分が微分の逆演算であることはこの後に解説するが、そのことを積分の導入とはしないで、このようにリーマン積分からアプローチする方法を採用した。その方が直観に訴えるからである。

他方、大学では、積分はリーマン積分から導入するが、今度はリーマン積分を厳密に定義するため、積分が面積を求める計算であることを納得する前に多くの学生が落ちこぼれてしまう。本書では、それを避けるため、リーマン積分の厳密な定義は避け、非常に直観的に導入する道を選んだ。つまり、本書の積分の扱いは、高校数学と大学数学の中間のものなのである。

✢放物線を辺に持つ図形の面積を求める

リーマン積分の威力を知るために、放物線を辺に持つ図形の面積を求めることに挑戦してみよう。求めたいのは、図 5-6 のような、関数 $y=x^2$ のグラフと x 軸と $x=a$ と $x=b$ とで囲まれた図形(網掛け部)の面積だ。やり方は基本的に台形の場合と同じなのだが、ちょっとだけ変更を要する。それは、長方形から成る階段状の図形の作り方を少し工夫する、ということだ。

まず、長方形の幅を h として

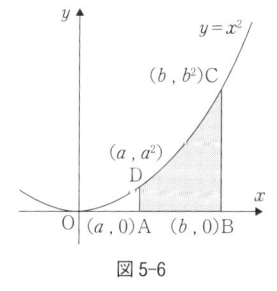

図 5-6

x軸上の$(a,0)$と$(b,0)$の間を幅hずつで区切るということは同じ。つまり，底辺$(b-a)$をぴったり何等分かした長さとしてhをとる，ということである。次に長方形の高さだが，前節では長方形の「左の辺」がぴったり直線$y=x$上に来るようにしたのだが，今回はそうはしない。どうするかというと，「長方形の上辺の**ある場所**が関数$y=x^2$のグラフと交わるように」高さを設定するのである。具体的にどこで交わるかについては，次ページではっきり提示することにし，今の段階では，それを明示しないまま話を進めよう。

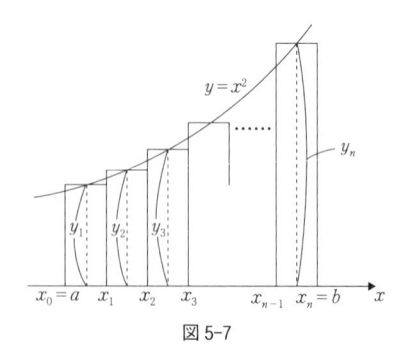

図 5-7

今，最初の長方形の下辺を$(x_0, 0)$と$(x_1, 0)$を結んだものであるものとする。具体的には，$x_0=a, x_1=a+h$であるが，一般的な理解を容易にするため，このような記述をしている。そして，その長方形の高さをy_1としよう（これは次ページで設定する）。

同様に，そのひとつ右隣りの長方形（2 番目の長方形）の下辺を$(x_1, 0)$と$(x_2, 0)$を結んだものであるとし，その高

さを y_2 とする。

以下同様に，x 軸上の点 $x_3, x_4, \cdots, x_n$ から下辺を順に決め（ただし，$x_n = b$ とする），高さ $y_3, \cdots, y_n$ を順に決める。これらは，図5-7を見て確認してほしい。

とりわけ注目しておきたいのは，$x_0 = a, x_n = b$ という点である。また，$x_{k+1} - x_k$ はすべての k について一定値 h と設定されている。

このように作られた階段状の図形の面積は，(高さ)×(底辺)の合計として

$$y_1(x_1 - x_0) + y_2(x_2 - x_1) + \cdots + y_n(x_n - x_{n-1}) \quad \cdots ③$$

となる。これは，求めたい図形の面積（図5-6の網掛け部）の近似値ととらえることができる（この場合，階段状の図形は図5-6の網掛け部からはみ出ている部分もあることに注意）。ここで幅 $h = x_{k+1} - x_k$ をどんどん0に近づけて，長方形が極細になるようにすれば，総和③は求める図形の面積に限りなく近いものになるだろう。今回，工夫されているのは，高さ y_k の設定が自由である，という点だ。y_k がどう設定されていても，h を0に近づければ，階段状の図形の面積は網掛け部の面積に近づくと考えられるから，y_k を計算に都合がよいように設定すればいいのである。そういうわけで，天下り的だが，

$$y_k = (1/3)(x_{k-1}^2 + x_{k-1} x_k + x_k^2)$$

と決めることにする（$0 < x_{k-1} < x_k$ なら，$x_{k-1}^2 \leqq y_k \leqq x_k^2$ となって，条件を満たす）。なぜ，こんな不思議な高さ設定をするか，というと，次の3次の展開公式を使いたいからなのだ。

第5章 面積をめぐる冒険　157

$$(s^2+st+t^2)(s-t) = s^3-t^3$$

　この公式が成り立つことは，左辺を具体的に展開してみればわかるので，各自確認されたし。これによって，

　（最初の長方形の面積）
　　$= y_1(x_1-x_0)$
　　$= (1/3)(x_0{}^2+x_0x_1+x_1{}^2)(x_1-x_0)$
　　$= (1/3)(x_1{}^3-x_0{}^3)$ …④

となる。同様に，

　（2番目の長方形の面積）$= (1/3)(x_2{}^3-x_1{}^3)$ …⑤

も求まる。以下全く同様になる。そうすると，階段型図形の面積③を計算するなら，中消し算が出現することがわかる。つまり，隣り合う2項ずつ相殺されて，最初と最後だけが残り，

　③ $= (1/3)(-x_0{}^3+x_n{}^3)$

と実に簡単な形で答えが出る。この結果を導くために，さきほどのように高さ y_k をかなり作為的に決めたおかげなのである。

　さて，$x_0=a, x_n=b$ だったことを思い出そう。これより，

　③ $= (1/3)(-a^3+b^3)$

ということがわかった。このことは，長方形の幅 h によらず，階段状の図形の面積は常に $(1/3)(-a^3+b^3)$ であることを意味している。一方，幅 h を限りなく0に近づけていけば，階段状の図形の面積はいくらでも網掛け部の面積に近づいていくはずだった。したがって，網掛け部の面積は，実は，初めからこの $(1/3)(-a^3+b^3)$ に一致しており，$h\to 0$ としても，ずっと一致し続けていた，と考えられる

（ここで「一致しているのに近づくとはなんぞや」と首をかしげる読者がいるかもしれないが，詳しくは，167 ページできちんと解説する）。これで，放物線を辺に持つ網掛け部の図形の面積が求まった。すなわち，

　　（放物線を辺に持つ網掛け部の面積）
　　　$= (1/3)(-a^3+b^3)$

以上を眺めると，台形のときとそっくりの作業がなされたことがわかるだろう。

†積分は，微分と深いあいだがら

　前節の議論によって，関数 $y=x^2$ のグラフと x 軸とで挟まれた部分の $x=a$ から $x=b$ までの範囲の面積（網掛け部の面積）が $(1/3)(-a^3+b^3)$ であると判明した。すると，当然，「なぜこんなキレイな 3 次式になるのだろう」という疑問が浮上することだろう。

　実際，放物線の作る図形の面積を最初に計算してみせたのは，紀元前のギリシャの数学者アルキメデスだった。アルキメデスは，円周率を 3.14 まで正しく計算し，円錐の体積の公式や球の体積の公式を正しく求めたことで有名な数学者である。放物線を辺に持つ図形についても，アルキメデスは，その面積の計算の方法を編み出していた。紀元前の話だから，これはとんでもないことである。

　アルキメデスの最期に関するエピソードも有名だ。侵攻してきたローマの兵士が，アルキメデスに「お前はだれか」と尋ねたが，図形を描いて研究に熱中していたアルキメデスは何も答えなかった。怒った兵士は彼を殺してしまった

のである。罪滅ぼしにローマ人はアルキメデスの墓を作り、彼が発見した「球に外接する円柱の体積と球の体積の比が 3:2」ということを表す図を描き入れたのだそうだ。

アルキメデスの求積はみごとだったが、求めた面積が放物線の方程式 $y = x^2$ とどういう関係にあるか、という疑問に答えるには、17 世紀のニュートンを待たねばならなかった。つまり、その解明には、2000 年近くもの膨大な時間を要したわけだ。

ニュートンは、物体の運動法則である力学を記述するために、微分の原理を発見した。そして、面積を計算する積分の技法と微分とが密接な関係を持っていることも突き止めたのである（ドイツのライプニッツもほぼ同時に同じ発見をしている）。

それでは、微分と積分の関係について解説しよう。

まず、天下り的だが、$F(x) = \dfrac{1}{3}x^3$ という 3 次関数を考えよう。ポイントはこの関数の導関数が $F'(x) = x^2$ となることである（積の微分公式を使えば、確認できる）。

今、先ほどの点たちの中から、適当な x_{k-1} と x_k とを選ぶ（図 5-8）。もちろん、幅 h が十分小さければ、この 2 数は十分

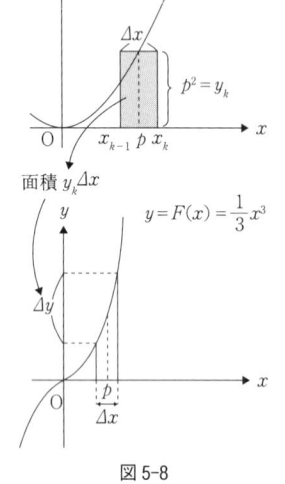

図 5-8

に近いものである。この2数の間に適当な数 p をとる（$x_{k-1} < p < x_k$）。この $x=p$ の近くでは、関数 $F(x)$ の増分は微分係数を係数とする局所近似比例関数で近似できることを第3章で解説した。すなわち、$x=p$ のあたりでの $F(x)$ の増分は、ほぼ

$$F'(p)\Delta x$$

と等しいということである。

ここで見方を大きく変えてみよう。先ほど解説したように $F'(p) = p^2$ である。この p^2 が前に解説した高さ y_k となるように p を設定することにする。また、x の増分 Δx は幅 $h = x_k - x_{k-1}$ と設定しよう。すると、$x=p$ の近辺での3次関数 $F(x)$ の増分 $F'(p)\Delta x$ は、ほぼ網掛け部の長方形の面積 $y_k(x_k - x_{k-1})$ と等しい、ということになる。

以上のことを図示したものが図5-8である。要するに、上図での長方形の面積は、下図での関数のグラフの高さの変化で近似できる、ということである。そして、この近似は、幅 Δx が0に近ければ近いほど精密になっていくのである。

このことを、階段型図形を構成するすべての長方形について行えば、147ページで体重の変化に対して描いたのと同じ図を作ることができる（図5-9）。

つまり、（階段型図形の面積）は $F(x_n) - F(x_0)$ で近似できることになり、幅を0に近づけていくと、（階段型図形の面積）が図5-6の網掛け部の面積に近づいていくことから、

　　図5-6の網掛け部の面積 $= -F(a) + F(b)$

$$= (1/3)(-a^3+b^3)$$

と求まる，という仕組みなのである。つまり，微分を使えば，面積和を線分PQの長さにすり替えることが可能，ということなのである。まさにこれこそが，ニュートンの気がついた「種明かし」だったのだ。

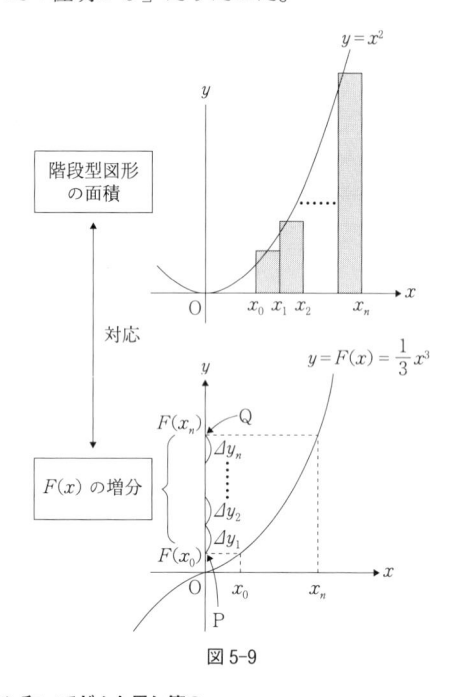

図 5-9

†リーマン和ってどんな足し算？

前節の話を一般化しよう。

まず，関数 $f(x)$ を用意する。そして，区間 $a \leqq x \leqq b$ を適当に n 個の線分に区切る。区切り目の数を小さいほう

から順に $x_0, x_1, x_2, \cdots, x_n$ とする。ただし、$x_0 = a$, $x_n = b$ と設定しよう。前節までは、これを等分になるように区切ったが、実は等分にすることは本質的ではないので、今回からはそれを要請しない。このようにして n 個の区間（線分）、

$x_0 \leqq x \leqq x_1, \ x_1 \leqq x \leqq x_2, \ \cdots, \ x_{n-1} \leqq x \leqq x_n$

を作った上で、各区間から適当に数を1個ずつ選び出し、それらを代表点と呼ぶ。そして、代表点たちを関数 $f(x)$ にインプットする。最初の区間から p_1 を、2番目の区間から p_2 を、…、n 番目の区間から p_n を代表点として選び出したなら、それらから関数値 $f(p_1), f(p_2), \cdots, f(p_n)$ を計算するわけだ。そうして、各 k に関して、

（k 番目の $f(x)$ の値）×（k 番目の区間の幅）

を計算し、これらを $k = 1, 2, \cdots, n$ に対して加え合わせ、この和を S_n と記す。具体的に書くと、

$$S_n = f(p_1)(x_1 - x_0) + f(p_2)(x_2 - x_1) + \cdots$$
$$+ f(p_n)(x_n - x_{n-1})$$

ということ。これを「**リーマン和**」と呼ぶ。リーマン和とは、x の微小変化に、その変化中の1つの x に対する f の値を掛けて集計したものである。このリーマン和を簡単に表現するために、「**総和**」を表す $\sum$（シグマ）記号を使おう。x の増分を表す記号を $\Delta x_k = x_k - x_{k-1}$ と書くことにして、

リーマン和 $S_n = \sum f(p_k) \Delta x_k$ …⑥

と略記できる。リーマン和 S_n を構成する各項は、（k 番目の $f(x)$ の値）$= f(p_k)$ を高さととらえ、（k 番目の区間の幅）$= \Delta x_k$ を底辺の長さととらえれば、（高さ）×（底辺）に

第5章 面積をめぐる冒険　163

なるので,「長方形の面積」とみなせる。したがって, リーマン和 S_n は, 図 5-10 のようになって, 関数 $f(x)$ と x 軸の間にはさまれる領域の, 区間 $a \leq x \leq b$ の部分の面積の近似値を与えていることがわかる。

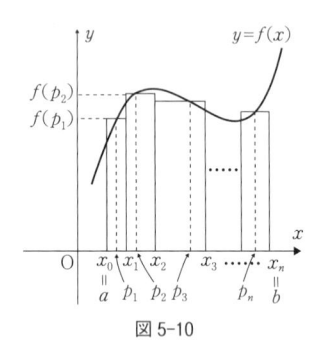

図 5-10

　すると, 区間 $a \leq x \leq b$ の分割数 n を大きくしながら各分割幅 Δx_k をゼロに近づけていくと, リーマン和 S_n が図形の面積を近似する精度が高くなることが予想される。

　ここで重要な注意をしておこう。わたしたちは, 図形の面積というものをよく知っているような気がしているが, 実はそうではない。曲線で囲まれた図形については, その面積をどう定義したらいいか, 教わったことがない。確かに, 長方形については, 2 辺の長さの積で定義される。また, 長方形でぴったり区切ることができる図形は, 構成する各長方形の面積の和と定義すればいいだろう。切り離して組み替えれば長方形でぴったり区切ることができる図形になるような図形についても定義できる。しかし, 曲線を辺に持つような図形については, どうやって面積を定義す

ればいいのか，多くの人はこれを教わった経験はないはずだ。

実は，**曲線で囲まれた図形の面積は，「リーマン和が近づく極限」と定義される**のである。詳しくいうと，リーマン和 S_n が，n を大きくしながら分割幅 Δx_k をゼロに近づけるときに，ある定数 S に近づく（$S_n \to S$ と記す）とき，その定数 S を「$f(x)$ と x 軸とで囲まれる図形の区間 $a \leq x \leq b$ の部分の面積」と定義するのである。これを**定積分**という。つまり，リーマン和の極限として定積分が定義され，それが面積の定義となるのだ。きちんと書くと，

【定積分の定義】

どんな分割によるリーマン和 S_n についても，各分割幅 $\Delta x_k \to 0$ となるように $n \to \infty$ としたとき，一定数 S が存在して，$S_n \to S$ となるならば，定数 S を関数 $f(x)$ の $a \leq x \leq b$ における定積分と呼び，次のような記号で表す。

$$S = \int_a^b f(x)dx \quad \cdots ⑦$$

これが，図 5-11 のような $f(x)$ と x 軸とで囲まれる図形の区間 $a \leq x \leq b$ の部分の面積の**定義**である。ただし，x 軸より下にある部分については負の面積とみなす。

この定義法が，本章の冒頭の体重の増分の話の一般化であることに読者は気づかれたに違いない。

ここで定積分の記号表現⑦は，リーマン和の記号表現⑥と並べて見比べると，なんとなく意味がつかめるだろう。

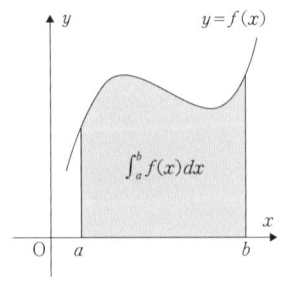

図 5-11

リーマン和 $\sum f(p_k)\Delta x_k \Rightarrow$ 定積分 $\displaystyle\int_a^b f(x)dx$

リーマン和から定積分に変化するとき，$\sum$ は $\int$ に変わり，Δ は d に変わっているだけで，記号の構成はほとんど同じである。つまり，極限をとることによって，

[ゴツゴツした有限個の和]⇒[なめらかな無限個の和]

という変化をしている雰囲気を出した記号なのである。第3章の119ページで解説したように，Δx を無限小にして理想化した記号が dx であったが，これは積分でも同じ意味合いに用いられる。微分と積分では，このように無限小の記号 dx が共有されているわけだ。

前に計算した例でいうと，関数 $f(x)=x$ と x 軸と $x=a$ と $x=b$ とで囲まれる台形の面積は，定積分

$$\int_a^b x dx = \frac{1}{2}b^2 - \frac{1}{2}a^2 \quad \cdots ⑧$$

で定義され，また，関数 $f(x)=x^2$ と x 軸と $x=a$ と $x=b$ とで囲まれる図形の面積は，定積分，

$$\int_a^b x^2 dx = \frac{1}{3}b^3 - \frac{1}{3}a^3 \quad \cdots ⑨$$

で定義される。

このような「リーマン和から定積分（すなわち面積）を計算する」際に，実はとても便利な法則が存在する。それは以下の定理だ。

【リーマンの定理】

関数 $f(x)$ が連続（グラフに切れ目がないこと，詳しくは第6章）ならば，定積分 S は存在し，分割点 $x_0, x_1, x_2, \cdots, x_n$ の取りかたや，代表点 $p_1, p_2, p_3, \cdots, p_n$ の取りかたに無関係に決まる。すなわち，別のリーマン和 S'_n を作って，分割幅が0に近づくように $n \to \infty$ としても，リーマン和 S'_n は同じ定数 S に近づく。

要するに，どんなリーマン和からでも同じ定数 S に近づくので，リーマン和は計算しやすくて都合よい「点の選び方」をすればいい，ということだ。ちなみに，157ページで放物線を辺とする図形の面積を計算するとき，リーマン和が幅の取り方に無関係に一定値となり，「一定値なのに面積に近づいていく」としたことに違和感をもったかたもおられると思うが，この定理を利用すれば，どんなリーマン和も同じ数値（面積）に近づくので，常に一定値のリーマン和をみつけたなら，それはそのまま面積を表しているのである。

このリーマンの定理は便利な反面，証明は難しい。イプ

シロン・デルタ論法という議論を使うのだが、大学生の多くはこれで落ちこぼれてしまう。それは、「いったい何をしているのか」がさっぱりわからないからだ。他方、高校ではリーマンの定理を避けるために、「積分は微分の逆」というもっとわかりにくい導入をしている。本書では、「リーマン和」については導入し、「リーマンの定理」は割愛するという方法を使うことでわかりやすくしたつもりである。

†微積分学の基本定理

ニュートンの偉大さは、**定積分は微分（導関数）を利用すると簡単に求めることができる**ということに気がついたことだ。それが次の定理である。

【微積分学の基本定理】

関数 $f(x)$ に対して、$F(x)$ の導関数が $f(x)$ となる、すなわち $F'(x)=f(x)$ であるなら、$f(x)$ の定積分は

$$\int_a^b f(x)dx = F(b)-F(a)$$

と計算できる。

実際、この定理を $f(x)=x$ に利用するなら、

$F(x) = \dfrac{1}{2}x^2$ の導関数が

$F'(x) = \dfrac{1}{2}(2x) = x = f(x)$

となることから、先ほどの⑧が導出される。

また、$f(x)=x^2$ に利用するなら、

$F(x) = \dfrac{1}{3}x^3$ の導関数が

$$F'(x) = \dfrac{1}{3}(3x^2) = x^2 = f(x)$$

となることから、⑨が導出される。

この定理は、「**導関数の定積分は、元の関数の差**」ということを意味しており、おおざっぱにいえば、「**微分と積分は逆演算のごときもの**」ということを表しているのである（高校では、この性質から積分を導入することは、前に書いた）。それでこの定理は、「**微積分学の基本定理**」と呼ばれているわけだ。ここでは、厳密な証明を与えることはしないが、直観的な説明なら、160ページ以下の解説を一般化するだけでいい。

まず、導関数が局所近似比例関数の係数に現れたことを思い出そう。すなわち、

$y=F(x)$ の増分は、$x=c$ のごく近くでは、比例関数 $F'(c)\Delta x$ で近似できる

ということである。

ここで、$F'(x)=f(x)$、であるとすれば、

$F(x)$ の増分は、$f(c)\Delta x$ で近似できる

ということになる。この式の各 Δx を Δx_k とし、c を p_k とおいて、$k=1,2,\cdots,n$ について足し合わせれば、

$$\sum f(p_k)\Delta x_k$$

というリーマン和ができる。

第5章 面積をめぐる冒険　169

他方，この和は近似的には F の増分
$$F(x_k)-F(x_{k-1})$$
を $k=1,2,\cdots,n$ について足し合わせたものと一致する。これらの和では，中消し算が生じて，

$$(F(x_1)-F(x_0))+(F(x_2)-F(x_1))$$
$$+\cdots+(F(x_n)-F(x_{n-1}))$$
$$=F(x_n)-F(x_0)$$
$$=F(b)-F(a)$$

となる。つまり，上記のリーマン和の近似値が $F(b)-F(a)$ であるとわかったことになる。したがって，分割幅を0に近づけていくと，リーマン和は定積分 $\int_a^b f(x)dx$ に近づき，また，同時に，局所近似比例関数の近似の誤差も0に近づいていくので，$F(b)-F(a)$ はリーマン和の「近似値」ではなく，「真に等しい値」となる。したがって，

$$\int_a^b f(x)dx = F(b)-F(a)$$

が得られる，という次第である。

†円錐の体積の計算に「÷3」が出てくる理由

円柱や円錐の体積の計算の仕方は，小学校で習う。円柱の体積は（底面積）×（高さ）である。また，円錐の体積は（底面積）×（高さ）÷3である。（底面積）×（高さ）は円柱の体積だから，この公式は，（円錐の体積）＝（円柱の体積）÷3とみなせる。

ここで，なぜ「÷3」という計算が現れるのか。これは，

小学校や中学校では，円錐型の容器に水を入れて，それを同じ底面の円柱型の容器に移すことで実験的に確認する。しかし，円錐の体積の計算に現れる「÷3」の秘密は，微積分を使えば，明らかにできるのである。以下それを解説しよう。

微積分学の基本定理を応用して，円錐の体積の公式を求める。

今，底面の半径がrで高さがHの直円錐を考える。円錐の頂点Oから底面の中心Pに向かって直線を引き，それをx軸としよう。Oは数0に対応させ，Pは数Hに対応させる。

次に，線分上に適当にn点をとり，それらに対応する数を$x_0, x_1, x_2, \cdots, x_n$としよう。特に，$x_0=0, x_n=H$と設定する。

そして，点$x_k(k=1, 2, \cdots, n)$においてOPに垂直な平面をつくり，それで円錐を切断してできる円を$O_k(k=1, 2, \cdots, n)$とする。ダイコンを輪切りにする要領だ。

次に，円O_kを底面とし，区間$x_{k-1} \leqq x \leqq x_k$を高さとする微小円柱を$V_k(k=1, 2, \cdots, n)$とする。これらの微小円柱の体積を加え合わせた

$\quad V_1 + V_2 + \cdots + V_n \quad \cdots \text{⑩}$

は，円錐の体積を近似したものと考えることができ，分割点nを無限に近づけ，分割幅を0に近づければ，和⑩は円錐の体積に近づいていくと考えられるだろう。

他方，円O_kの半径は$\dfrac{r}{H}x_k$だから（図5-12を見よ），各

第5章 面積をめぐる冒険　171

円柱 V_k の体積は，次の式で計算できる（ここでは円柱の体積は，底面積×高さであることを前提とする）。

$$V_k = \pi\left(\frac{r}{H}x_k\right)^2(x_k - x_{k-1})$$
$$= \frac{\pi r^2}{H^2}x_k^2(x_k - x_{k-1})$$

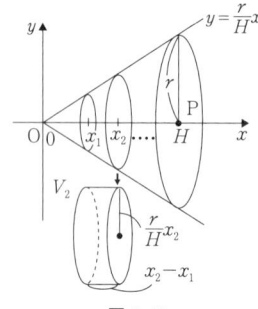

図 5-12

したがって，和⑩は，次のリーマン和だとみなすことができる。すなわち，

$$⑩ = \sum \frac{\pi r^2}{H^2}x_k^2 \Delta x_k$$

したがって，分割幅をゼロに近づけると，このリーマン和は定積分

$$\int_a^b \frac{\pi r^2}{H^2}x^2 dx$$

に近づき，この定積分は⑨から，

$$\int_a^b \frac{\pi r^2}{H^2}x^2 dx = \frac{\pi r^2}{H^2}\left(\frac{1}{3}H^3 - \frac{1}{3}0^3\right) = \frac{1}{3}\pi r^2 H$$

と求まる。これはまさに，

　（底面積 πr^2）×（高さ H）÷3

を表している。しかも，計算をよく振り返ると，「÷3」の「3」がどこから出てくるかも明らかだ。それは，導関数が $f(x) = x^2$ となるような関数（のひとつ）が，$F(x) = \frac{1}{3}x^3$ であり，その係数から来ているわけなのだ。

†線分の長さを計算する

　定積分は，前節で解説したように，通常は関数のグラフが作る図形の面積を計算することに利用されるが，他にもいろんな利用の仕方がある。要するに，

　「(関数 $f(x)$ の値)×(x の微小増分)の合計」を無限に
　　細かくしていって得られるような量

なら，何でも計算できるのだ。

　たとえば，x を複素数とするなら，複素積分というものになる（複素数については第6章）。また，x を確率変数にすると確率積分というものになる（確率についても第6章でちょっと触れる）。この確率積分は現代の金融商品の価格づけの根幹を成すものとなっている。

　このことを理解する良い例として，微分と積分を組み合わせて使う「関数のグラフの曲線の長さ」の計算を解説することとしよう。これは長さを計算するのに，面積計算としての積分を用いる，という面白い例となっている。

　今，$y=f(x)$ のグラフで $x=a$ から $x=b$ までの範囲を考えよう。これは点 $(a, f(a))$ と $(b, f(b))$ を結ぶ曲線 C だ。この長さを計算するにはどうすればいいか，考えよう。

　曲線 C の長さは，次のように定義するのが自然だろう。すなわち，曲線 C 上に適当に $(n+1)$ 個の点をとり，n 個の線分から成る折れ線を作る。この折れ線の長さは各線分の長さの合計だから，簡単に計算できる。折れ線を構成する線分の個数 n を多くし，各線分の長さがみな0に近づくようにしていったとき，折れ線の長さが近づいていく量，

第5章　面積をめぐる冒険

それをまさに曲線Cの長さと定義すればいい。

それでは，具体的にやってみよう。図5-13を見ながら読んでほしい。

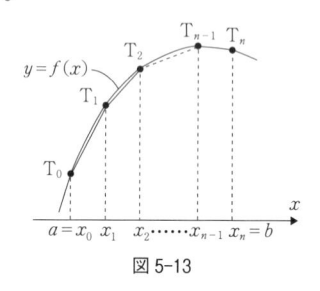

図5-13

区間$a \leqq x \leqq b$を$x_0, x_1, x_2, \cdots, x_n$（ただし，$x_0 = a, x_n = b$）によって，適当に$n$個の線分

$$x_0 \leqq x \leqq x_1, x_1 \leqq x \leqq x_2, \cdots, x_{n-1} \leqq x \leqq x_n$$

に区切る。点$(x_0, f(x_0))$をT_0，点$(x_1, f(x_1))$を$\text{T}_1, \cdots$，点$(x_n, f(x_n))$をT_nとしよう。すると，$\text{T}_0, \text{T}_1, \cdots, \text{T}_n$で作られる折れ線の長さを$L_n$と書けば，

$$L_n = \text{T}_0\text{T}_1 + \text{T}_1\text{T}_2 + \text{T}_2\text{T}_3 + \cdots + \text{T}_{n-1}\text{T}_n$$

となる。ここでnを無限に近づけ，各線分の長さが0に近づくようにしたら，L_nが何に近づいていくかを考えればいい。

たとえば，線分T_0T_1の長さがどうなるか考えてみよう。図5-14のように，T_0T_1は直角三角形の斜辺となっている。そして，その底辺はx座標の増分

$$(x_1 - x_0) = \Delta x_1$$

である。同様にして高さは，y座標の増分，

$$(f(x_1) - f(x_0)) = \Delta y_1$$

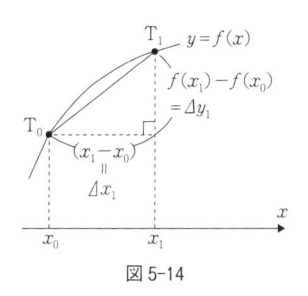

図 5-14

だ。したがって，ピタゴラスの定理（15 ページ）から，斜辺の長さは，

$$T_0T_1 = \sqrt{(\Delta x_1)^2 + (\Delta y_1)^2}$$

と計算できる。ここでポイントになるのは，Δx_1 が十分に小さい幅になっているなら，Δy_1 が微分（導関数）を使って比例関数で局所近似できる，という何度も使ってきた事実だ。それは以下の式である。

$$\Delta y_1 = f'(p_1)\Delta x_1$$

ここで，p_1 は，$x_0 \leq p_1 \leq x_1$ を満たす任意の数。これを利用すれば，線分 T_0T_1 の近似式は次のものとなる。

$$\begin{aligned}T_0T_1 &= \sqrt{(\Delta x_1)^2 + (f'(p_1)\Delta x_1)^2} \\ &= \sqrt{1 + f'(p_1)^2}\,\Delta x_1\end{aligned}$$

同様にして，

$$T_1T_2 = \sqrt{1 + f'(p_2)^2}\,\Delta x_2$$
$$T_2T_3 = \sqrt{1 + f'(p_3)^2}\,\Delta x_3$$
…

のような近似式が得られる。したがって，折れ線の長さの近似値を L_n として，次の和を使うことができる，とわかる。

第 5 章　面積をめぐる冒険　175

$$L_n = \sqrt{1+f'(p_1)^2}\Delta x_1 + \sqrt{1+f'(p_2)^2}\Delta x_2$$
$$+ \cdots + \sqrt{1+f'(p_n)^2}\Delta x_n$$

この和は、次のように簡略に書ける。

$$\sum \sqrt{1+f'(p)^2}\Delta x \quad \cdots ⑪$$

この和の各項は、区間の幅 Δx をゼロに近づけていけば、どんどん折れ線を構成する線分の長さに近づいていくし、また同時に各線分の長さの合計は折れ線の長さだから、幅をゼロに近づけていくと、曲線の長さに近づく。したがって、Δx を 0 に近づけたとき⑪の式が近づく値が曲線 C の長さであろう、と推測できる。一方、⑪式はリーマン和であることが見てとれる。したがって、Δx を 0 に近づけたとき⑪の式が近づく値は、定積分、

$$\int_a^b \sqrt{1+f'(p)^2}dx$$

となる。以上によって、曲線 C の長さは、

$$(曲線 C の長さ) = \int_a^b \sqrt{1+f'(p)^2}dx$$

と計算できることが判明した。

たとえば、放物線 $y=x^2$ の $x=a$ から $x=b$ までの長さは、x^2 の導関数が $2x$ であることから、定積分、

$$\int_a^b \sqrt{1+4x^2}dx$$

で与えられる。

†無限個の足し算を積分で求める

積分とは、「(関数 $f(x)$ の値)×(xの増分)の合計」を、

無限に細かくして得られるものだった。つまり，合計される数値はどんどん小さくなって0に近づく一方で，足し算される個数はどんどん増えて無限に近づいていく。すると，積分というのは，「極限のかなたでは，無限個の足し算を実行している」とみなすことができるだろう。このことに注目すれば，積分を使えば，ひょっとすると無限個の数の和を具体的に実行できるかもしれない，という予感がする。この節では，それが本当であることを，例を使ってお見せしよう。

数を無限個足すと無限になってしまうか，というと必ずしもそんなことはない。たとえば，

0.1 + 0.01 + 0.001 + 0.0001 + ⋯

という無限個の和は，

0.1111⋯

という小数になると考えられる。2項目までの和が0.11，3項目までの和が0.111，のように順次延ばしていけば，そうなるに違いないからである。一方，$1 \div 9$ を図5-15のように縦の割り算で実行していけば，0.1111⋯ となるから，

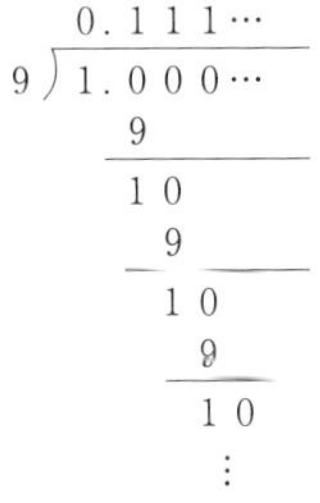

$$0.1 + 0.01 + 0.001 + 0.0001 + \cdots = \frac{1}{9}$$

図5-15

と考えるのが自然だと思えるだろう。実際，正式な収束の定義において，この等式は成り立つ。

ここで足し算する項がだんだん0に近づいていることは本質的である。たとえば，0.001 より大きい項ばかりなら，

第5章 面積をめぐる冒険 177

0.001より大なる数を無限個加えることになって、和がいくらでも大きくなるから、有限の値には収束しない。もっと厳密にやるなら、次のようにすればいい。もしも、無限個の和が有限値 a に近づくなら、(n 項目までの和)も、($n-1$ 項目までの和)も、n を大きくすると a に近づくだろう。したがって、

　　（第 n 番目の項）=（n 項目までの和）
　　　　　　　　　　$-$（$n-1$ 項目までの和）

において、$n \to \infty$ とすると、この式は $a-a$ に近づく、つまり、（第 n 番目の項）が 0 に近づくことがわかる。

　しかし、このことの逆は成り立たない。たとえば、

$$\frac{1}{1}+\frac{1}{2}+\frac{1}{3}+\frac{1}{4}+\cdots$$

は、足される項がどんどん 0 に近づいていくが、この無限個の和は無限に大きくなる。なぜなら、3 項目と 4 項目はどちらも $\frac{1}{4}$ 以上だから、和は $\frac{1}{4} \times 2 = \frac{1}{2}$ 以上。5 項目から 8 項目はみな $\frac{1}{8}$ 以上だから、和は $\frac{1}{8} \times 4 = \frac{1}{2}$ 以上。同様に、9 項目から 16 項目までの和も $\frac{1}{2}$ 以上。このように、どんな先にも $\frac{1}{2}$ 以上の部分を作り出すことができるので、この和は無限に大きくなってしまうわけである。

　ここで、再び、この章の冒頭で扱った問題、

$$x = \frac{1}{1 \times 2}+\frac{1}{2 \times 3}+\frac{1}{3 \times 4}+\cdots+\frac{1}{9 \times 10}$$

に登場してもらうことにしよう。これが、

$$x = \frac{1}{1} - \frac{1}{10} = 1 - \frac{1}{10}$$

であることは，148ページで中消し算によって計算した。全く同じ方法によって，

$$\frac{1}{1\times 2}+\frac{1}{2\times 3}+\frac{1}{3\times 4}+\cdots+\frac{1}{99\times 100}=1-\frac{1}{100}$$

とわかる。足し算される項をどんどん増やしていくと，右辺において1から引かれる数がどんどん0に近づくことから，無限個の足し算まで延長すれば，

$$\frac{1}{1\times 2}+\frac{1}{2\times 3}+\frac{1}{3\times 4}+\cdots+\frac{1}{n\times (n+1)}+\cdots = 1$$

…⑫

となることがわかる。

このように，中消し算を利用できるときは，無限個の和は比較的簡単に計算することができる。しかし，そうでない場合は，無限個の和の計算は困難をきわめ，いろいろな技を駆使しなければ計算できないのである。

そういう一例として，上の⑫から第1項，第3項，第5項，…と奇数番目の項だけを抜き出した

$$\varphi = \frac{1}{1\times 2}+\frac{1}{3\times 4}+\frac{1}{5\times 6}\cdots+\frac{1}{(2n-1)\times (2n)}+\cdots$$

という無限個の和を考えてみよう。これは，有限値に収束するだろうか。収束するなら，何に収束するだろうか。

有限値に収束することはなんとなく予想できる。なぜなら，⑫の奇数項だけを取り出した和だから，⑫の結果である1より小さい数に収束することが想像できる（第6章で

第5章 面積をめぐる冒険

触れる法則,「一定数を超えず増大する数列は収束値を持つ」を使えば,これは想像ではなく事実である)。しかし,どんな数に収束するかはわからないだろうし,実際,とんでもない数に収束するのである。

この φ を計算するには,積分を使う。以下,その計算を解説しよう。

まず,上記の x を計算したのと同じ方法を φ の5項目までの和 y にも適用すれば,

$$y = \frac{1}{1\times 2} + \frac{1}{3\times 4} + \frac{1}{5\times 6} + \frac{1}{7\times 8} + \frac{1}{9\times 10}$$

$$= \frac{1}{1} - \frac{1}{2} + \frac{1}{3} - \frac{1}{4} + \frac{1}{5} - \frac{1}{6} + \frac{1}{7} - \frac{1}{8} + \frac{1}{9} - \frac{1}{10}$$

となる。これを次のように,巧妙に変形する。

$$y = \frac{1}{1} - \frac{1}{2} + \frac{1}{3} - \frac{1}{4} + \frac{1}{5} - \frac{1}{6} + \frac{1}{7} - \frac{1}{8} + \frac{1}{9} - \frac{1}{10}$$

$$= \left(\frac{1}{1} + \frac{1}{2} + \frac{1}{3} + \cdots + \frac{1}{10}\right) - 2\times\left(\frac{1}{2} + \frac{1}{4} + \frac{1}{6} \cdots + \frac{1}{10}\right)$$

これは,マイナスの項をプラスに変えた和を作り,それらの項の2倍を引き算すれば帳尻があう,ということだ。これに対し,後者の部分で2を分配法則で分配し,次のように変形する。

$$y = \left(\frac{1}{1} + \frac{1}{2} + \frac{1}{3} + \cdots + \frac{1}{10}\right) - 2\times\left(\frac{1}{2} + \frac{1}{4} + \frac{1}{6} \cdots + \frac{1}{10}\right)$$

$$= \left(\frac{1}{1} + \frac{1}{2} + \frac{1}{3} + \cdots + \frac{1}{10}\right) - \left(\frac{1}{1} + \frac{1}{2} + \frac{1}{3} + \frac{1}{4} + \frac{1}{5}\right)$$

$$= \frac{1}{6} + \frac{1}{7} + \frac{1}{8} + \frac{1}{9} + \frac{1}{10}$$

つまり，φ の 5 項目までの和 y は，6 の逆数から 10 の逆数までの 5 個の和，ということになる。次の変形は，すぐには意味がわからないだろうが，少し進むと意図が見えてくるので，しばらくはがまんして読み進めてほしい。

$$y = \frac{1}{6} + \frac{1}{7} + \frac{1}{8} + \frac{1}{9} + \frac{1}{10}$$

$$= \frac{1}{5+1} + \frac{1}{5+2} + \frac{1}{5+3} + \frac{1}{5+4} + \frac{1}{5+5}$$

$$= \frac{1}{1+\frac{1}{5}} \times \frac{1}{5} + \frac{1}{1+\frac{2}{5}} \times \frac{1}{5} + \frac{1}{1+\frac{3}{5}} \times \frac{1}{5}$$

$$+ \frac{1}{1+\frac{4}{5}} \times \frac{1}{5} + \frac{1}{1+\frac{5}{5}} \times \frac{1}{5}$$

最後の式における各項で，5 を分配法則で分配すれば，2 番目の式と等しいことが確認できる。

こんな奇妙な変形をしたのは，y をリーマン和に結びつけるためである。いま，関数，

$$f(x) = \frac{1}{1+x}$$

を考えよう。そして，区間 $0 \leqq x \leqq 1$ に次のように等間隔 $\left(\frac{1}{5} \right)$ に 6 点をとる。

$$x_0 = 0, \ x_1 = \frac{1}{5}, \ x_2 = \frac{2}{5}, \ x_3 = \frac{3}{5}, \ x_4 = \frac{4}{5}, \ x_5 = \frac{5}{5}$$

第 5 章 面積をめぐる冒険 181

すると、先ほどの和yは、次のように$f(x)$に対するリーマン和として表すことができる。

$$y = \frac{1}{1+\frac{1}{5}} \times \frac{1}{5} + \frac{1}{1+\frac{2}{5}} \times \frac{1}{5} + \frac{1}{1+\frac{3}{5}} \times \frac{1}{5}$$

$$+ \frac{1}{1+\frac{4}{5}} \times \frac{1}{5} + \frac{1}{1+\frac{5}{5}} \times \frac{1}{5}$$

$$= f(x_1)\varDelta x_1 + f(x_2)\varDelta x_2 + f(x_3)\varDelta x_3 + f(x_4)\varDelta x_4$$
$$+ f(x_5)\varDelta x_5$$

（ただし、$\varDelta x_k = x_k - x_{k-1} = \frac{1}{5}$）

このリーマン和を階段型の図で表したものが、図 5-16 だ。

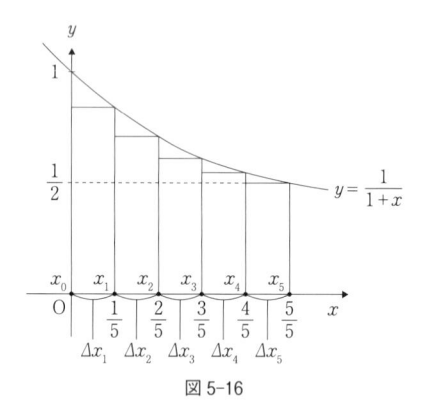

図 5-16

同様にして、φのn項目までの和に対して、同様に変形をすれば、

φ の n 項目までの和 $= \dfrac{1}{n+1} + \dfrac{1}{n+2} + \cdots \dfrac{1}{n-1} + \dfrac{1}{2n}$

となり，これも，区間 $0 \leqq x \leqq 1$ に等間隔に $n+1$ 個の点をとって，

φ の n 項目までの和 $= \sum f(x_k)\Delta x_k$

と表すことができる（ここで幅は $\Delta x_k = \dfrac{1}{n}$ となっている）。

これに対して，$n \to \infty$ とすれば，左辺の和は無限個の和 φ に，右辺のリーマン和は定積分に近づく。したがって，

$$\varphi = \int_0^1 f(x)dx = \int_0^1 \frac{1}{1+x}dx$$

となるのである。これを図形の面積で表すなら，図 5-17 となる。つまり，

$$\varphi = \frac{1}{1} - \frac{1}{2} + \frac{1}{3} - \frac{1}{4} + \frac{1}{5} - \frac{1}{6} + \cdots = 図 5\text{-}17 \text{の面積}$$

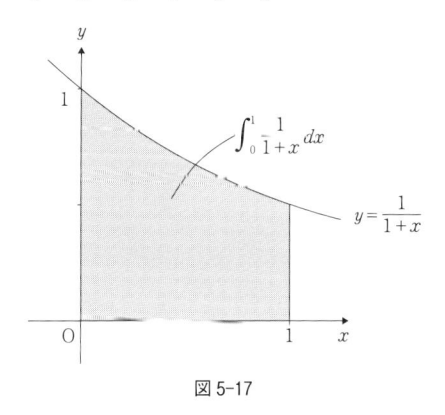

図 5-17

と判明した。

さらに，これは，本書では扱わなかった自然対数，$\log x$ を使えば，$\log 2$ と表すことができる。すなわち，

$$\varphi = \frac{1}{1} - \frac{1}{2} + \frac{1}{3} - \frac{1}{4} + \frac{1}{5} - \frac{1}{6} + \cdots = \log 2$$

ということである。

　ちなみに，この φ という無限和は，154 ページで紹介したリーマン予想と関係する重要な計算のひとつなのである。

　以上によって，この章の冒頭で紹介した無限個の無限小の数を加える，というアイデアは，実際に有意義なアイデアであることが判明した。このように，数学とは，ある意味で，無限の操作を有限で済ませる技術を追究している学問だ，という見方もできよう。

第 6 章

集合をめぐる冒険

†「無限」をとらえた数学

　最後のこの章では,「集合の理論」を解説する。

　「集合」というのは,何かを集めたもののことだ。集めるのは,モノでもいいし,数でもいいし,図形でもいいし,座標でもいい。ただ「集める」だけにすぎないのに,それが数学に革命をもたらした,というのだから面白い。本章では,このように数学を変革した「集合」について,その成果を解説しよう。

　そもそも,数学者が「集合」という素材を扱おうと考えたきっかけは,「無限」というものを分析したかったからだ。「無限」とは何だろうか。無限とは「数えきれないほど多い」ことだ。では,「無限」は数だろうか？　どんな大きな整数も（時間さえあれば）数えることができる。だから,「無限」は整数ではない。数えきれないのだとすれば,そもそも到達できないではないか。到達できないものを対象に分析することなど可能なのだろうか。数学者は,この疑問に挑戦したのである。古くはアリストテレスが「無限」のことを分析しているが,決定的な進展を得たのは,19世紀ドイツの数学者カントールであった。

　カントールは,「無限」は実在し,到達可能な概念ととらえた。そして,「無限」を比較する,ということを考えた。

　たとえば,自然数（1以上の整数のことだが,0を入れる立場もある）と（正の）偶数の個数を比べ,どちらも無限個だが,どちらのほうが多いかを考えた。偶数は自然数の一部だから,偶数が自然数より少ないのは当然のように思える。もっと正確に,こう言ってもいいかもしれない。自然

数は偶数と奇数が交互に並んでいるのだから，偶数は自然数の半分の個数である，と（実際，［Nまでの偶数の個数］÷N は，N→∞ のとき，1/2 に収束する）。

しかし，カントールはそうは考えなかった。全く別の考え方で個数を比べたのである。アイデアとなったのは，次のものである。今，たとえば，広場で遊んでいる子供のうち男子と女子のどっちが多いかを知りたいとしよう。この場合，双方の人数を数える必要はない。男女1人ずつでペアを作って，手をつながせればいい。手をつなぐ相手がみつからない男子が残れば，男子のほうが多いとわかる。男子も女子もどちらも余らなければ，男女同数とわかる。カントールは，この「1対1対応原理」を応用して，自然数と偶数でどちらが多いかを比べたのだ。

自然数（ここでは，1以上の整数とする）と偶数の間には，次のようにペアを作ることができる。

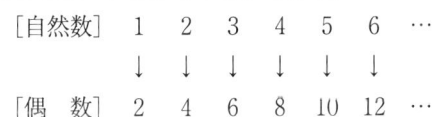

　　　［自然数］　1　2　3　4　5　6　…
　　　　　　　　↓　↓　↓　↓　↓　↓
　　　［偶　数］　2　4　6　8　10　12　…

具体的には，自然数 n と偶数 $2n$ とでペアを作ればいい。このようにすれば，自然数にも偶数にも「あぶれ」は出ない。このことからカントールは，自然数と偶数の個数を「同じ」と結論した。ちなみに，このようなあぶれも重複もないペアを作ることを「**1対1対応**」という。カントールは，2つの集合の間に1対1対応を作れるとき，2つの集合は「同じ多さ」だと定義したのである。ただし，カントールはここで，「個数」ということばを使わず，「**濃度**」という

ことばを用いている。すなわち、「**自然数の集合の濃度**」と「**偶数の集合の濃度**」は同じである、と定義したのだ。

このような「無限を比較する」ということを行ったのは、歴史的には、カントールが最初ではない。実は、あの有名なイタリアの科学者ガリレオ・ガリレイがすでに論じていた。しかし、ガリレオは、自然数と偶数とが同数となる結果を「矛盾」として、退けてしまったのであった。

†「無限」にも大きさの違いがある

カントールは、「自然数と偶数の濃度が同じなら、無限個の数からなるどんな集合（**無限集合**と呼ぶ）もすべて自然数と同じ濃度を持っているのか」という問題を考えた。つまり、どんな無限集合にも自然数と1対1対応を作ることができるか、という問いだ。そして、驚くべき発見をした。自然数と実数（数直線上に並ぶ数、すなわち、小数で表される数すべてを集めたもの）の間には1対1対応を作ることができず、実数の側が余ってしまう、という発見だった。つまり、「**実数の濃度**」は「**自然数の濃度**」よりも真に大きいのである。

このことを、カントールは背理法を使って証明した。背理法とは、「証明したいことの否定を仮定すると、矛盾が起きることを証明する」という証明法である。つまり、自然数と実数の間に1対1対応が存在する、と仮定すると矛盾が起きてしまうことを示したのだ。「自然数と実数の間に1対1対応が存在しない」ことを直接証明することもできるが、ここではもう少し簡単な、「自然数と0以上1未満の

実数の間に1対1対応が存在しない」，ということを証明することにする。

今，「自然数と0以上1未満の実数の間に1対1対応が存在する」と仮定し，それを次のような対応としよう。

（☆）

[自然数]　　　　　　　　　1　2　3　4　5　…
　　　　　　　　　　　　　↓　↓　↓　↓　↓
[0≦x<1を満たす実数]　x_1　x_2　x_3　x_4　x_5　…

もちろん，仮定から，$x_1, x_2, x_3, \cdots$ には0以上1未満の数がもれなく現れている。そして，これらの数はすべて「0.×××…」という「0.」から始まる有限ないし無限小数である。ここで，次のように数 y を作ろう。まず，数 y は「0.」から始まる小数である。そして，数 y の小数第1位の数字は x_1 の小数第1位の数字と異なり，かつ，9でないものに設定する。数 y の小数第2位の数字は x_2 の小数第2位の数字と異なり，かつ，9でないものと設定する。以下同様に，数 y の小数第 k 位の数字は x_k の小数第 k 位の数字と異なり，かつ，9でないものと設定するのである。このような数 y が作れる（存在する）ことは明らかだろう（ちなみに，9でない数とするのは，細かい技術的な理由によるから気にしないでいい）。

このような数 y は，0以上1未満の数だが，$x_1, x_2, x_3, \cdots$ のどれとも異なっていなければならない。なぜなら，y は，x_1 とは小数第1位が異なっており，x_2 とは小数第2位が異なっており，x_3 とは小数第3位が異なっており，…，となっていて，任意の自然数 k に対して，x_k とは小数第 k 位が

第6章　集合をめぐる冒険　189

異なっているからだ。したがって，この y は（☆）の $x_1, x_2, x_3, \cdots$ には登場してない数となってしまう。すると，（☆）の対応の下段には，0以上1未満の数 y が登場しないことになり，先ほどの「$x_1, x_2, x_3, \cdots$ には0以上1未満の数がもれなく現れている」ということと矛盾していることが判明した。したがって，最初の「自然数と0以上1未満の実数の間に1対1対応が存在する」という仮定が間違っていることがわかり，「自然数と0以上1未満の実数の間には1対1対応をつけることはできない」ことが証明されたわけである。

このようにして，カントールは，「実数の集合の濃度が自然数の濃度よりも大きい」ことを証明した。また，カントールはこの証明法を拡張して，「**実数から成る集合（実数の部分集合）すべてから成る集合**」（これは集合の集合）は，**実数の集合よりも真に大きな濃度を持つ**ことを証明した。これらの議論により，「無限」には無限の種類があることが判明することとなった。

さらにカントールは，「自然数の濃度よりも大きく，実数の濃度よりも小さい濃度を持つ集合は存在しない」と予想し，それを証明しようとした。これを「**連続体仮説**」という。カントールは晩年，この「連続体仮説」と取り組み，精神を消耗して，心を病み，精神病院で亡くなることとなってしまった。この「連続体仮説」は，いまだに証明も否定もされず，未解決のままで残されている。もう少し詳しくいうと，現在広く用いられている集合理論の公理系（ZFC）では証明も否定できないことがわかっているので

ある（無限集合の理論や連続体仮説については，拙著『無限を読みとく数学入門』を参照のこと）。

†集合の理論は数学に革命を起こした

カントールの無限集合論（1874 年に最初の論文が出ている）は，「無限を比べる」という神がかった理論だったため，激しい議論を巻き起こした。多くの数学者が受け入れることを拒絶し，カントールを攻撃する者も現れた。それがカントールの精神を衰弱させた原因の一つだったといわれている。

しかし，無限集合論はその後，数学のさまざまな分野に応用できることが次第に明らかになった。当時の数学者が直面していた困難を，集合論なら突破できることがわかったのである。多くの分野がそうであるように，数学でも，実用こそが受け入れの源だったのだ。

集合論の目覚ましい応用は，あとで示すように，「**新しい数や新しい数学的素材を生み出すことができる**」ということだった。

19 世紀数学は，新しい数概念を必要としていた。数概念を刷新しない限り乗り越えられない壁に突き当たっていたのだ。たとえば，19 世紀の数学者たちは，「**実数とはそもそもなんであるか**」ということを厳密に規定する必要に迫られていた。微分積分を扱う解析学の発展とともに，直観的には全く正しいと思われる極限に関する法則のいくつかが，証明できずにいたからだ。また，数世紀に及んだ難問フェルマー予想「n が 3 以上の自然数のとき，$a^n + b^n = c^n$

を満たす自然数 a, b, c は存在しない」（1995年に証明された）を解決しようとする試みの中で使われた**イデアル数**という新奇な数概念が、いったい何を意味するかがはっきりしないままでいた。これらの数をきちんと定義する必要に迫られていたのである。さらにいうなら、数学にとって最も原始的な素材である「自然数」でさえ、それを規定することに難渋していた。これらのことがみな、集合論を利用することで、みごとに突破されることになったのだ。

集合論の応用先は「数の創造」には留まらなかった。さまざまな空間で関数の連続性（グラフに切れ目がないこと）をとらえるために、「**位相**」という概念が生まれたのだが、それにも集合論が応用されている。また、17世紀頃から研究されてきた「**確率**」という考え方を、集合を使うことによって、より明確に展開することが可能となった。

このようなプロセスを経て、20世紀数学においては、19世紀とはうってかわって、まさにカントールの逆転大勝利となったのだった。

† **集合の記号法になじもう**

一応、ここで、集合にまつわる記号を紹介しておこう。

集合 A に属するモノのことを「A の要素」という。たとえば、N を自然数の集合とすると、数 2 は集合 N の要素となる。このことを記号で、

$\quad 2 \in N \quad$ または $\quad N \ni 2$

と記す。熊手のような $\in$ が、「要素であること」を意味する記号である。

次に，集合そのものの表し方を解説しよう。それには，次の2つの方法がある。第一の方法は，{ }の中にそのまま要素を並べて表す方法。たとえば，10以下の偶数の集合は，

　　　A = {2, 4, 6, 8, 10}

のように書くことができる。

　第二の記法は，$\{x|x の性質\}$というふうに，{ }の中に仕切り（|）を作り，仕切りの前に「何を集めるか」を記し，仕切りのあとに「集めるものの性質」を記す，という書き方だ。さっきと同じ集合 A をこの記法で表現すれば，

　　　A = $\{x|x$ は 10 以下の偶数$\}$

のようになる。

　特殊な集合として，要素を何も持たない集合というのがある。これを空集合と呼ぶ。記号では，

　　　{ }

と書くこともあり，また，

　　　∅

と書くこともある。

†集合の関係と演算の記号

　集合とは，モノや数や図形や座標などの数学的な対象を「集めた」ものだ。しかし，単に「集めた」だけのものなのにそれが威力を持つのは，集合にも数と同じように，関係や演算を導入することができるからである。

　たとえば，2つの集合の間の「**包含関係**」は次のように記号で表すことができる。今，集合Bの要素がすべて集合A

の要素であるとき，すなわち，

　　$x \in B$　ならば　$x \in A$

が成り立つとき，「集合Bは集合Aに包含される」といい，記号

　　$B \subset A$

で表す。これは，BはAにまるまる入ってしまうことを意味するので，図示するなら図6-1のようになる（これは，A＝Bの場合も含む）。$B \subset A$を満たす集合Bを集合Aの**部分集合**という。たとえば，自然数の集合をN，偶数の集合をEとするなら，$E \subset N$，となり，偶数の集合は自然数の集合の部分集合である。

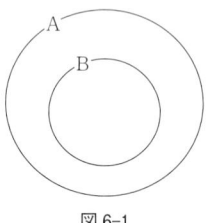

図6-1

「包含関係 $\subset$」は，数の大小関係（$\leq$）と似た性質を持っている。たとえば，以下の「**推移律**」が成り立つ。

　　（$C \subset B$　かつ　$B \subset A$）ならば　$C \subset A$

次に「集合の演算」を導入しよう。「集合の演算」とは，2つの集合から別の集合を作ることだ。

まずは，「**共通部分**」。集合Aと集合Bの共通の要素を集めた集合を

　　$A \cap B$

と書く。記号を使ってきちんと書くと，

　　$A \cap B = \{x | x \in A$　かつ　$x \in B\}$

である（図6-2）。もしも，Aと

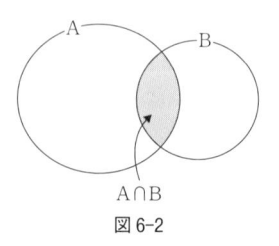

図6-2

Bに共通の要素がないならA∩Bは「要素を何も持たない集合」である空集合 ∅ となる。すなわち,

　　A∩B = ∅

次は,「**合併**」。これは,集合Aの要素と集合Bの要素を合わせて集合を作ったもので,

　　A∪B

と記す。きちんと定義すると,

　　A∪B = $\{x|x \in A$　または　$x \in B\}$

となる（図6-3）。

たとえば,自然数の集合をN,偶数の集合をE,奇数の集合をFと記すなら,

　　E∪F = N,　　E∩F = ∅

となる。

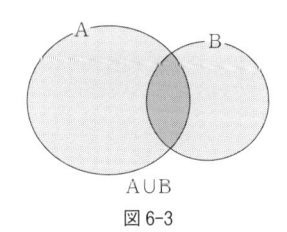

図6-3

面白いことに,集合の演算にも,数と同じように,**交換法則**,**結合法則**,そして**分配法則**が成り立つ。それを以下に列挙しよう。

　　A∩B = B∩A　（交換法則）

　　A∪B = B∪A　（交換法則）

　　A∩(B∩C) = (A∩B)∩C　（結合法則）

　　A∪(B∪C) = (A∪B)∪C　（結合法則）

　　A∩(B∪C) = (A∩B)∪(A∩C)　（分配法則）

　　A∪(B∩C) = (A∪B)∩(A∪C)　（分配法則）

最後の分配法則についてだけ,図による証明をお見せしよう。図6-4で確認してほしい。

ここでAやBやCを数と思い,

図 6-4

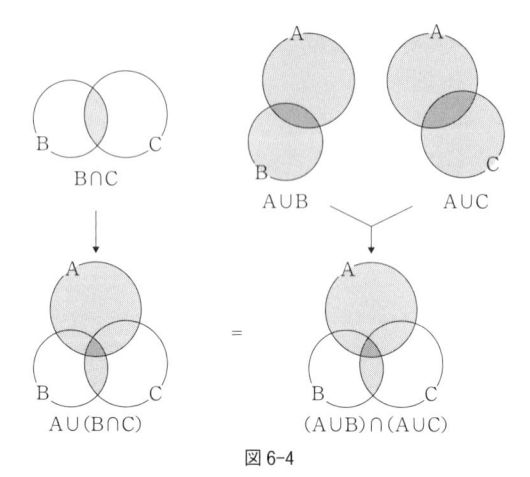

$\cap \to \times$, $\cup \to +$

と変換してみよう。最後のひとつを除くと次のようになる。

$A \times B = B \times A$　（交換法則）

$A + B = B + A$　（交換法則）

$A \times (B \times C) = (A \times B) \times C$　（結合法則）

$A + (B + C) = (A + B) + C$　（結合法則）

$A \times (B + C) = (A \times B) + (A \times C)$　（分配法則）

つまり、最後のひとつを除いて、数の計算法則と一致するのである。これはなかなか興味深い事実だ。

†集合は確率に応用される

集合論が切り開いた分野のひとつとして「**確率**」を挙げることができる。

確率とは,「世界の不確実性」をとらえる数学であり,17世紀頃から研究が始まった。世の中で起きるほぼすべてのことは不確実であり,的確に予言できることはほとんどない。しかし,「不確実」と言っても,何も法則がないわけではない。その**不確実性が備える法則**を暴き出そうとするのが確率論という分野なのである。

　確率論の先駆者となったのは,フランスの2人の数学者パスカルとフェルマーだった。ギャンブラーがサイコロを使った賭けについての質問をパスカルにもちかけ,パスカルがそれを親友のフェルマーとともに手紙で議論したことが事始めとなった。

　その後,多くの数学者によって確率論の研究が推し進められ,19世紀後半から20世紀の初めにかけて,大きな進展がなされた。それは,確率を集合論と積分の理論(その一部を第5章で解説した)によって構築する試みだった。

　確率現象とは,「将来に起きることなので現時点では不確実な現象」や「すでに結果は出ているが,情報が不足していてハッキリ結果がわからない現象」のこと。前者の例としては「1年後の天気」が挙げられ,後者の例としては「自分はガンにかかっているか」が挙げられる。ここでは「1年後の今日の天気」を扱おう。1年後の今日の天気は,現時点ではわからない。晴れかもしれないし,曇りかもしれないし,雨かもしれないし,雪かもしれない。まあ,この4つのいずれかであることはよいとして,4つのうちのどれであるかについては明言できない。このようなとき,この4つの可能性の全体を集合Ω(オメガと読む)として

第6章　集合をめぐる冒険　197

記述し，不確実性の表現とするのである。つまり，
　　Ω＝{晴れ，曇り，雨，雪}
ということだ。この集合Ωは，「未来には，天気についての事態は，このうちのどれかに決まるが，どれに決まるかは現時点では特定できない」ことを表している。このΩを「**標本空間**」と呼ぶ。標本空間に属する各要素は，「それ以上分解することができないような世界の基本状態」のそれぞれを表しているといえる。

標本空間が与えられたとき，わたしたちに興味があるのは，その部分集合だ。標本空間の部分集合のことを「**事象**」と呼ぶ。「事象」とは，要するに「できごと」のことである。

たとえば，「雨傘を持って出かける」という「できごと」に興味があるなら，事象
　　A＝{雨，雪}
に注目するべきだろう。A⊂Ωとなっているので，Aは標本空間Ωの部分集合である。

この事象Aは，事態が「雨」に決まるか，「雪」に決まるかしたとき，「事象A（雨傘を持って出かける）が起きる」と表現される。逆に，事態が「晴れ」に決まるか，「曇り」に決まるかしたときは，「事象A（雨傘を持って出かける）は起きない」と表現される。つまり，「雨傘を持って出かける」というわれわれの未来のできごとに対応するものが，Ωの部分集合としての事象Aなのである。

同様に，「子供が喜ぶ」という事象Bは，
　　B＝{晴れ，雪}
などと定義できるだろう。

このように「できごと」を集合で表現できるようになると，集合の演算を利用して，「できごと」同士の論理演算を定義することができるようになる。

たとえば，「雨傘を持って出かけ，**かつ**，子供が喜ぶ」という事象Cは，事象Aと事象Bが両方とも起きていることを意味する事象だから，集合Aと集合Bの共通部分である，

$$C = A \cap B = \{雪\}$$

となる。

同様に，「雨傘を持って出かけるか，**または**，子供が喜ぶ」という事象Dは，事象Aか事象Bか少なくとも一方が起きていることを意味する事象だから，AとBの合併である，

$$D = A \cup B = \{晴れ，雨，雪\}$$

となる。

このように，「できごと（事象）」を「かつ」や「または」などの論理演算で作り出す作業は，集合の演算である「共通部分」や「合併」と対応させることができる。具体的には，

$A \cap B = $「事象Aが起き，かつ，事象Bが起きる」

$A \cup B = $「事象Aが起きるか，または，事象Bが起きる」

また，事象同士の関係についても，集合の関係を使って表すことができる。たとえば，先ほどの事象Aと事象Dについては，包含関係，

$$A \subset D$$

が成り立つが、これは「事象Aが起きているときは、いつも事象Dが起きている」という事象の関係を表している。

また、事象Xと事象Yについて、その共通部分が空集合である、つまり、

$$X \cap Y = \emptyset$$

であるときは、XとYには共通の要素がないから、「Xが起きているときYは起きておらず、Yが起きているときXは起きていない」とわかる。一言でいえば、「事象Xと事象Yが両方起きることはない」ということだ。このことを、「事象Xと事象Yは**排反である**」という。

天気の例でいえば、

　　事象A「雨傘を持っていく」＝{雨, 雪}

と、

　　事象F「晴れである」＝{晴れ}

について、事象Aと事象Fは排反である。

†確率はこう定義される

事象の「起こりやすさ」の程度を表す数値を「**事象の確率**」と呼ぶ。「事象の確率」は以下のように導入される。

まず、標本空間の各要素にその「起こりやすさ」の数値を定義しよう。起こりやすさの数値は、$p(\ )$という、関数記号と同じ形式を使う。なので、たとえば、晴れ、曇り、雨、雪に対する「起こりやすさ」の数値は、

　　$p(晴れ), \ p(曇り), \ p(雨), \ p(雪)$

と記す。

その上で、これらの数値は必ず「**全要素に対する数値の**

合計が1」となるように定義する。たとえば，

$p(晴れ) = 0.3, \ p(曇り) = 0.4, \ p(雨) = 0.2,$
$p(雪) = 0.1$

などのように設定すれば，

$p(晴れ) + p(曇り) + p(雨) + p(雪) = 1$

となる。

　これらの数値を設定する場合，気象に関する科学的なデータを利用して設定してもいいし，単なる主観的な予想をそのまま設定してもかまわない。それぞれが独自の「確率モデル」を生み出すのである。

　標本空間の各要素に対して「起こりやすさ」の数値が設定されたら，事象の「起こりやすさ」を意味する「事象の確率」は次のように定義する。たとえば，「雨傘を持って出かける」という事象A＝{雨，雪}の確率$p(A)$は，

$p(A) = p(雨) + p(雪) = 0.2 + 0.1 = 0.3$

と定義する。要するに，その事象を構成する各要素の「起こりやすさ」の数値を足し合わせたものを「事象の起こりやすさ」と定義するわけだ。このように「事象の確率」が定義されると，次のような確率法則が自然に成り立つ。

【確率法則】 標本空間をΩとする。

(1)　$p(\emptyset) = 0$

　すなわち，空事象の確率はゼロ。

(2)　$p(\Omega) = 1$

　すなわち，全事象の確率は1。

(3)　任意の事象Xに対して，$0 \leq p(X) \leq 1$

すなわち，事象 X の確率は 0 以上 1 以下。

(4) $X \cap Y = \emptyset$ ならば，$p(X \cup Y) = p(X) + p(Y)$

すなわち，事象 X と事象 Y が排反ならば，事象「X または Y」の確率は，事象 X の確率と事象 Y の確率の和である。

これら 4 つの法則は，さきほどの確率の定義の仕方を理解していれば，明らかだろう。この 4 つの法則は，「**確率の公理**」と呼ばれることもあり，確率というものを特徴づける法則となっている。とりわけ，法則 (4) は「**確率の加法性**」と呼ばれ，確率に関して最も重要な法則だ。

また，他に，以下のような法則も成り立つ。

(5) $A \subset B$ ならば $p(A) \leq p(B)$

これは，「**確率の単調性**」と呼ばれる法則で，「事象 A が起きているとき，必ず事象 B が起きているならば，事象 B の確率は事象 A の確率以上である」ということを意味する。直観的にはアタリマエな感じがするだろうし，証明も簡単である。もうひとつ，

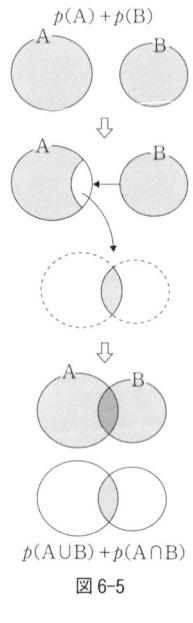

(6) 任意の事象 A と B について，
$$p(A \cup B) + p(A \cap B) = p(A) + p(B)$$

図 6-5

202

という法則もある。これは,「確率のモジュラリティー」と呼ばれる法則だ。あるいは,「包除原理」と呼ばれることもある。この法則は,図を使えば,簡単に理解することができる。

　事象を表す円形に対し,その面積を確率だとみなすこととしよう。(6)の法則は,図6-5から簡単に理解できるだろう。

†集合の要素に「関係」を導入する

　集合の応用で最も劇的なものは,「**新しく数を創造する**」ことであったことはすでに述べた。19世紀の数学者の問題意識を受けて,数学者たちは,自然数($1, 2, 3, \cdots$)や,整数($\cdots, -2, -1, 0, 1, 2, \cdots$)や,有理数(正負の分数の集合)や実数(小数で表される数の全体)や,複素数(虚数を含む集合)など,もろもろの数概念は,あらかじめ存在しているものとは考えず,「**数学者に都合いいように創り出すもの**」と考えるようになった。「数を創造する」ということをきちんと理解してもらうためには,まず,「**集合をグループ分けする**」という技術を解説する必要がある。

　今,ある集合Aのすべての要素を,特定の性質によって「グループ分け」することを考える。それを「**集合の類別**」という。グループ分けというのは,わたしたちが日常的に行っている作業で,何かの「**類似性**」を基礎にして行うものだ。たとえば,動物を哺乳類,鳥類,爬虫類などに分類するのは,なんらか「似ている」ということを定義して,同類を集めることによって行うわけである。このような作

業を思いっきり抽象化したものが,「集合の類別」なのだ。

集合Ａの２つの要素aとbが, 指定された特定の関係にある場合に,

$a \sim b$

と記すことにする。このような「〜」を「**２項関係**」と呼ぶ。このままでは意味不明だろうから, いくつかの具体例から理解してもらおう。

たとえば,

集合Ａ＝{太郎, 次郎, 花子, 幸子}

とする。Ａの要素に対して,「aはbを好き」の場合に$a \sim b$と決めれば, ひとつの２項関係が導入できる。また,「aとbが同性」の場合に$a \sim b$と決めれば, 別の２項関係が導入される。

集合Ａ＝{自然数}

のケースでは,「$a+b=5$」の場合に$a \sim b$と決めたり,「$a \leq b$」の場合に$a \sim b$と決めたり,「$a-b$が３で割り切れる」場合に$a \sim b$と決めたりすれば, それぞれに２項関係が導入される。

このようないろいろな２項関係「〜」の中でも, 特に次の３つの性質をすべて持つ２項関係は大切で,「**同値関係**」と呼ぶ。

（ⅰ） $a \sim a$

（ⅱ） $a \sim b$ ならば $b \sim a$

（ⅲ） （$a \sim b$ かつ $b \sim c$）ならば, $a \sim c$

上記を言葉を使って説明しよう。（ⅰ）は「自分と自分は必ず, 〜 の関係で結ばれている」ことを表し,（ⅱ）は「関

係 〜 は順番を入れ替えても成り立つ」ことを表し，（iii）は「関係 〜 が連鎖すること」を表す。

集合A={太郎，次郎，花子，幸子}の例で「a は b を好き」の場合に $a \sim b$ と決めたときは，（i）は「自分は自分を好き」ということを表し，（ii）は「誰かが誰かを好きなら，それは必ず両想い」を表し，（iii）は「自分が好きな人が好きな人なら，自分もその人が好き」ということを表している。この場合，（i）は成り立つかもしれないが，（ii）（iii）は一般には成り立たないだろう。

他方，同じ集合について，「a と b は同性」の場合に $a \sim b$ と決めたときは，（i）は「自分と自分は同性」，（ii）は「a と b が同性なら，b と a は同性」，（iii）は「a と b が同性で，b と c が同性なら，a と c は同性」をそれぞれ意味する。これらは，明らかに全部成り立つから，この関係 〜 は同値関係となる。

集合Aが自然数の集合のとき，「$a+b=5$」の場合に $a \sim b$ と決めると，（ii）は（加法の交換法則から）成り立つが，（i）（iii）は成り立たないから，同値関係ではない。「$a \leq b$」の場合に $a \sim b$ と決めたなら，（i）は成り立ち，（iii）も（不等号の推移律から）成り立つが，（ii）は成り立たないから，同値関係とはならない。

他方，「$a-b$ が3で割り切れる」場合に $a \sim b$ と決めたときは，（i）は $a-a=0$ が3で割り切れることから成り立ち，（ii）は $a-b$ が3で割り切れるなら，$b-a=-(a-b)$ も3で割り切れるから成り立ち，（iii）は，$a-b$ と $b-c$ が3で割り切れるなら，$a-c=(a-b)+(b-c)$ も3で割り

切れることから成り立つので，これは同値関係となる。

†集合をグループ分けする

2項関係「～」が同値関係であるときは，「～」はある種の「**類似性**」を意味している，と考えることができる。$a \sim b$ を「a と b がある基準で似ている」ということだと考えると，上記の（ⅰ）は「自分と自分が似ていること」を，（ⅱ）は「a と b が似ているなら，b と a は似ている」ことを，（ⅲ）は「a と b が似ていて，b と c が似ているなら，a と c が似ていること」を表す。これらはみな，違和感はないことだろう。また，逆に，ある2項関係「～」が（ⅰ）（ⅱ）（ⅲ）を満たしているなら，その2項関係は，「何かの基準での類似性」を定義している，と考えることができることも直観できるだろう。

集合 A＝{太郎, 次郎, 花子, 幸子} における「同性である」という例は，すぐに「類似性」を表すとわかるに違いない。他方，A＝{自然数} における「$a-b$ が3で割り切れる」の例では，これが何の「類似性」を表しているか，すぐにはわからないだろうが，解説を読み進むうちに次第にその意味がわかってくるはずだ。

同値関係を使うと，次のように「**集合をグループ分けする**」ことができる。

今，集合 A の要素の間の2項関係「～」が定義されていて，それが同値関係だったとしよう。そのとき，集合 A の任意の要素 x をとり，x と「～」の関係にあるものをすべて集めた A の部分集合 C_1 を作る。正確に定義するなら，

$$C_1 = \{p | p \in A \quad かつ \quad x \sim p\}$$

ということ。次に集合 A の要素で、部分集合 C_1 の要素でないもの y があるなら、y と「〜」の関係にあるものをすべて集めた A の部分集合 C_2 を作る。以下同様に続けて、集合 A の要素がもれなくどれかに属したら終了する。この作業で作られた集合 A の部分集合たち、$C_1, C_2, \cdots, C_n \cdots$ それぞれを「同値関係 〜 による**同値類**」と呼ぶ。

　先ほどの例を使って具体的にやってみよう。

　集合 A＝{太郎，次郎，花子，幸子} の例で「a と b は同性」の場合に $a \sim b$ と決めたとき、この 2 項関係は同値関係だった。そこでまず、A から太郎を取り出そう。そして、太郎と「〜」の関係（同性の関係）にあるものを探す。それは太郎自身と次郎である。したがって、

　　C_1 ＝ {太郎，次郎}

が最初の同値類となる。次に、同値類 C_1 に属さない要素として、花子を選び出そう。そして、花子と「〜」の関係（同性の関係）にあるものを探す。それは花子自身と幸子だから、

　　C_2 ＝ {花子，幸子}

となる。これで A の要素はすべて C_1 か C_2 に属したから、作業を終了する。このように、集合 A は 2 つの同値類 C_1 と C_2 に、重なりなく、分類される。

　見ればわかるように、C_1 とは「男」の集合であり、C_2 とは「女」の集合であり、集合 A が「男」と「女」という 2 つの性質によって分類される、ということである。別の言葉で表現すると、同値類 C_1 と C_2 は、「性という類似性」を

第 6 章　集合をめぐる冒険　207

使って，類似の要素を集めて作ったグループ，ということなのだ。

このように作った同値類に対して，「**2つの異なる同値類には全く共通の要素がない**」ことは，性質（ⅱ）（ⅲ）から次のように証明できる。

仮に，もしも x から作った同値類 C_1 と y から作った C_2 が共通の要素 p を持っていたとしよう。すると，$x \sim p$ と $y \sim p$ が成り立つことから，（ⅱ）（ⅲ）によって，$x \sim y$ とならなければならない。すると，そもそも y は C_1 に含まれていなければならず，C_1 に含まれない A の要素として y を選んだことに矛盾してしまう。これで証明が完了した。

次に，集合 A が自然数の集合で「$a-b$ が3で割り切れる」場合に $a \sim b$ と決めた例について，同値類を求めよう。

まず，集合 A から要素 1 を選び，1 と「〜」の関係にある数を集める。すなわち，「$x-1$ が3で割り切れる x」を集めればいい。それは，$1, 4, 7, 10, \cdots$ と3飛びの数となる。すなわち，

$C_1 = \{1, 4, 7, 10, \cdots\} = \{x \mid x は3で割ると1余る数\}$

次に，これに含まれない A の要素として 2 を選ぼう。すると，2 を含む同値類は，$x-2$ が3で割り切れる数の集合，すなわち，

$C_2 = \{2, 5, 8, 11, \cdots\} = \{x \mid x は3で割ると2余る数\}$

となる。さらに，上記の2つの同値類に含まれない A の要素として，3 を選ぶ。この 3 を含む同値類は，

$C_3 = \{3, 6, 9, 12, \cdots\} = \{x \mid x は3の倍数\}$

となる。これですべての自然数が尽くされたので，この同

値関係「〜」による同値類はC_1とC_2とC_3の3つとなる。同値類を実際作ってみたことから，この類別は，「3で割った余りが同じ」ということを「類似性」ととらえて，その類似性によって自然数の集合をグループ分けしたとわかっただろう。

同値類というのは，「**類似性を持つ複数の要素を同一視して1つの要素とみなしてしまう**」という技術である。

たとえば，集合A＝{太郎，次郎，花子，幸子}の例では，太郎〜次郎という同性の人間を1つの「男」という存在として「同一視」してしまい，花子〜幸子という同性の人間を「女」という存在として「同一視」してしまうことで，

　　同値類の集合＝{男，女}

というふうに抽象化させてしまうわけなのだ（図6-6）。

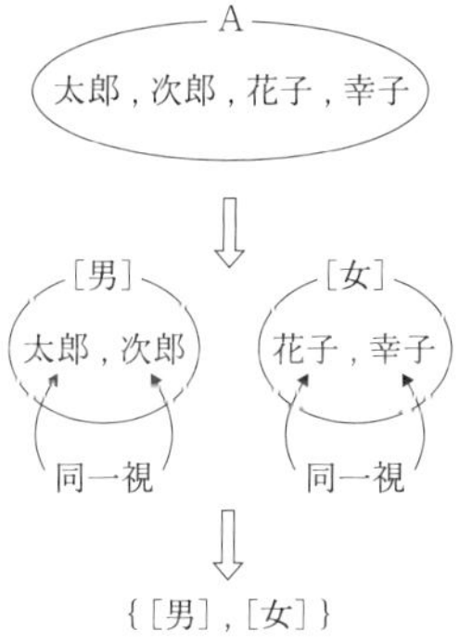

また，自然数の集合の例では，2項関係で結ばれた

　　1〜4〜7〜10〜…

というすべてを同一視し，

　　2〜5〜8〜11〜…

というすべてを同一視し，

　　3〜6〜9〜12〜…

というすべてを同一視する。これらによって，自然数を3種類に分類して，

　　同値類の集合
　　　＝{3で割ると余り1, 3で割ると余り2, 3の倍数}

図6-6

第6章　集合をめぐる冒険　209

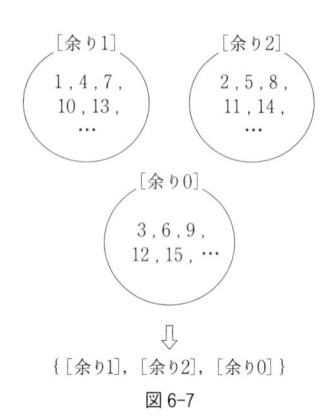

```
    [余り1]        [余り2]
   ⎛ 1, 4, 7, ⎞  ⎛ 2, 5, 8, ⎞
   ⎜ 10, 13,  ⎟  ⎜ 11, 14,  ⎟
   ⎝   …      ⎠  ⎝   …      ⎠

        [余り0]
      ⎛ 3, 6, 9, ⎞
      ⎜ 12, 15, … ⎟
      ⎝          ⎠

          ⇓
  {［余り1］,［余り2］,［余り0］}
```

図 6-7

のように 3 つの要素に束ねてしまう，ということをしているわけなのである（図 6-7）。

この「割った余りが同じ数の同一視」は，われわれは日常生活の中でよく用いている。代表的な例は，「曜日」だ。今日を基準にとると，n を 7 で割った余りが同じなら，どの n 日後もすべて同じ曜日になる。われわれは，7 日ごとに訪れる日をある意味で同じものとみなして，生活している。休日や週末は 7 日周期でやってくる。テレビ番組も 7 日周期で同じメニューとなる。曜日とは，人生を周期的に生きるための工夫だといえよう。

ちなみに，43 ページ図 1-21 で説明した $\vec{a}$ と $\vec{b}$ の同一視も同値関係から説明できる。2 つの移動において，方向と長さがともに同じになる場合に「〜」で結べばよい。

†数を創造する

以上の同値類の技術を利用すると「**数を創造する**」こと

ができるのである。まず、簡単な例から始めよう。

今、新しい数3つからなる集合X＝$\{\bar{0}, \bar{1}, \bar{2}\}$を考える。数字の上にバー記号をつけたのは、「普通の数とは違う新種の数ですよ」ということを明確にするためだ。この3つの数から成る集合Xが、次のような加法規則を持つ数世界になるようにしたいとする。

【集合Xにおける足し算】
$\bar{0}+\bar{0}=\bar{0}, \ \bar{0}+\bar{1}=\bar{1}, \ \bar{0}+\bar{2}=\bar{2},$
$\bar{1}+\bar{0}=\bar{1}, \ \bar{1}+\bar{1}=\bar{2}, \ \bar{1}+\bar{2}=\bar{0},$
$\bar{2}+\bar{0}=\bar{2}, \ \bar{2}+\bar{1}=\bar{0}, \ \bar{2}+\bar{2}=\bar{1}$

予想がついた読者も多いと思うが、これは要するに、「余り算」の規則である。たとえば、「3で割って余り1の数と余り2の数を足すと余り0の数になる」ということを表すのが、

$$\bar{1}+\bar{2}=\bar{0}$$

という式だと理解すればいい。このことを新種の数の加法規則として直接に導入するには、どうやればいいか。それには、「**集合を数とみなす**」という突飛な考え方を使うのである。

集合Aを整数の集合として、これに先ほどと同じく「$a-b$が3で割りきれる」場合に$a \sim b$とする同値関係を導入する。

この同値関係で整数の集合Aは、次の3つの同値類に分けられる。

$0 \sim x$ となる x を集めて，

$C_0 = \{\cdots, -6, -3, 0, 3, 6, \cdots\} = \{x | x は 3 の倍数\}$

$1 \sim x$ となる x を集めて，

$C_1 = \{\cdots, -5, -2, 1, 4, 7, \cdots\}$
$= \{x | x は 3 で割ると 1 余る\}$

$2 \sim x$ となる x を集めて，

$C_2 = \{\cdots, -4, -1, 2, 5, 8, \cdots\}$
$= \{x | x は 3 で割ると 2 余る\}$

ここで，とても不可思議なことを実行する。

これらの同値類 $C_0, C_1, C_2,$ をそれぞれ「**新種の数**」だと思い込むのである。つまり，集合を数とみなす，ということだ（図 6-8）。

同値類を数とみなす

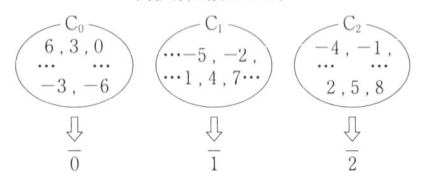

図 6-8

そして，これらの「新種の数」の間に次のようにして「足し算」を導入する。それは指定された2つの同値類からそれぞれ1つずつ任意に数を取り出し，それらを加え合わせる。このように和で作ることのできる数を全部集めて，1つの新しい集合を作り出す。

たとえば，$C_1 + C_2$ を定義する場合は，C_1 から1を抜き出し，C_2 から5を抜き出し，足して6を得る。あるいは，C_1 から -2 を抜き出し，C_2 から -1 を抜き出し，足して

-3 を得る。このように作られた 6 や -3 など，すべてをかき集めて 1 つの集合を構成するわけだ。

集合の記法を使ってきちんと記述すると次のようになる。

$C_1 + C_2 = \{z | z$ は，$x \in C_1$ なる x と，$y \in C_2$ なる y によって，$z = x + y$ と表せる整数$\}$

実際やってみればわかるが，この集合は C_0 そのものとなる。すなわち，

$C_1 + C_2 = C_0$

ということだ（図 6-9）。一般的には，$i = 0, 1, 2$ と $j = 0, 1, 2$ に対し，

$C_i + C_j = \{z | z$ は，$x \in C_i$ なる x と，$y \in C_j$ なる y によって，$z = x + y$ と表せる整数$\}$

同値算の足し算

$C_1 + C_2 \to C_0$
$\overline{1} + \overline{2} = \overline{0}$

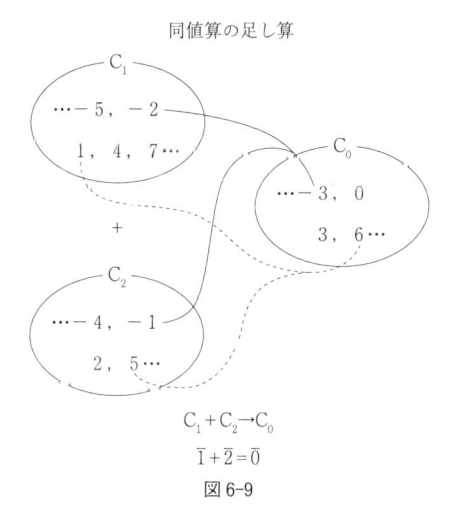

図 6-9

と定義される。これは，3で割った余りについての「余り算」を集合の同値類のことばで言い換えたにすぎないとわかる。ここで，

$$C_0 \to \bar{0}, \ C_1 \to \bar{1}, \ C_2 \to \bar{2}$$

と改めて新しい記号で書いてみよう。つまり，下のように，同値類をそれぞれ1個の数だとみなしてしまうのだ。

$$\cdots \sim (-6) \sim (-3) \sim 0 \sim 3 \sim 6 \sim \cdots \ \to \bar{0}$$
$$\cdots \sim (-5) \sim (-2) \sim 1 \sim 4 \sim 7 \sim \cdots \ \to \bar{1}$$
$$\cdots \sim (-4) \sim (-1) \sim 2 \sim 5 \sim 8 \sim \cdots \ \to \bar{2}$$

つまり，同値関係で結ばれた数全部を1個の新種の数と同一視する，ということである。このようにすると，さきほどの同値類の足し算は，

$$C_1 + C_2 = C_0 \ \to \ \bar{1} + \bar{2} = \bar{0}$$

と表現できることがわかる。これこそがまさに，わたしたちの求めていた数世界 X の加法規則である。数学者はこのように，集合の類別を新種の数と同一視することで，望んでいる数世界を生み出すのだ。別の言い方をすると，欲しい新種の持つ性質を，同値関係「〜」として実現し，その同値関係にあるモノをみな同一視して束ねてしまうことで，求める新種の数世界を実現するのである。

† **複素数を創造する**

次に，もっとよく知られた数世界の実現の例をあげよう。それは，「複素数」の世界である。複素数とは，-1 の平方根である虚数単位 $\sqrt{-1}$ を使って作られる数のことだ。$3 + 2\sqrt{-1}$ とか，$\pi - 0.2\sqrt{-1}$ などのような数の集合で

ある。具体的には，複素数Cは

　　C = {z|zは，実数xとyによって，$z = x + y\sqrt{-1}$ と
　　　　表せる}

と定義される。

　しかし，そもそも $\sqrt{-1}$ は実体がわからない数だ。なぜなら，私たちがなじんでいる正負の数は，すべて2乗すれば0以上になる。2乗して(-1)になる数というものは，想像が及ばない，あまりにも仮想的な存在だ。なので，もっとなじみのある数学を使って複素数を定義し直したい，と考えるのは自然なことであろう。「集合の同値類による数の創造」が，まさにそれを可能にするのである。

　結論を先にいうと，高校数学で習う「多項式の割り算」というのを使うと，複素数世界を創造することが可能になるのである。具体的には，

　　A = {$f(x)|f(x)$ は実数係数の多項式}

という集合を定義し，「$f(x) - g(x)$ が2次式 $x^2 + 1$ で割り切れる」場合に $f(x) \sim g(x)$，という2項関係を定義する。この2項関係は同値関係になるので，この同値関係でAを類別した同値類の集合こそが，まさに，複素数世界を実現したものとなるのだ。以下，このことを，詳しく見ていくことにしよう。

　集合Aは，$f(x) = x^3 + 0.2x^2 + 3.5x - \sqrt{2}$ とか $g(x) = x^5 + x^2$ みたいな多項式を全部集めた集合だ。この集合は，意味がはっきりしているから，存在が疑わしいということは全くないだろう。この集合Aに，「$f(x) - g(x)$ が2次式 $x^2 + 1$ で割り切れる」場合に $f(x) \sim g(x)$ となる2項関

係を定義する。

たとえば、$2x^2+x+5$ と $x+3$ は、

$$(2x^2+x+5)-(x+3) = 2x^2+2$$

がちょうど x^2+1 の 2 倍であり、つまり x^2+1 で割り切れるので、

$$2x^2+x+5 \sim x+3$$

となる。あるいは $-x^3$ と x とは、

$$-x^3-x = -(x^3+x) = -x(x^2+1)$$

が x^2+1 のちょうど $(-x)$ 倍、すなわち x^2+1 の倍数であり、したがって、

$$(-x^3) \sim x$$

となる。もっとも重要な関係は、

$$x^2 \sim (-1)$$

である。これは、$x^2-(-1)$ がぴったり x^2+1 であるから、当然成り立つものだ。つまり、これからやろうとしているのは、x^2 と (-1) を同一視してしまう、ということなのである。この段階ですでに、複素数の雰囲気を感じ取ることができるだろう。

以上のように定義された 2 項関係が「同値関係」であることは簡単に証明できる。「$a-b$ が 3 で割り切れる」から定義される同値関係の場合と証明方法は全く同じだが、きちんとやってみることにしよう。

まず、A に属する任意の多項式 $f(x)$ に対して、

$$f(x)-f(x) = 0$$

だが、0 は x^2+1 で割り切れるから、

$$f(x) \sim f(x)$$

となって，(ⅰ)が確かめられる。次に，A に属する $f(x)$ と $g(x)$ が $f(x) \sim g(x)$ を満たすとすると，これは，

$f(x)-g(x)$ が x^2+1 で割り切れる

ことを意味している。すると，明らかに

$g(x)-f(x) = -(f(x)-g(x))$ も x^2+1 で割り切れる

とわかるから，$g(x) \sim f(x)$ が成り立つとわかって，(ⅱ)「$f(x) \sim g(x)$ ならば $g(x) \sim f(x)$」が確認される。

最後に，$f(x) \sim g(x)$ と $g(x) \sim h(x)$ を仮定しよう。これは，

$f(x)-g(x)$ と $g(x)-h(x)$ がともに x^2+1 で割り切れる

を意味している。このとき，

$f(x)-h(x) = (f(x)-g(x))+(g(x)-h(x))$ は x^2+1 で割り切れる

とわかるから，$f(x) \sim h(x)$ が示され，(ⅲ)「$f(x) \sim g(x)$ かつ $g(x) \sim h(x)$ ならば，$f(x) \sim h(x)$」が確認される。以上，この 2 項関係が同値関係であることが証明された。

さて，この同値関係「$\sim$」で多項式の集合 A を同値類に分類しよう。

たとえば，$2x^2+x+5$ と $x+3$ は，先ほどのように

$2x^2+x+5 \sim x+3$ …①

が成り立つので，同じ同値類に含まれる。この同値類を，

$C_{x+3} = \{x+3, 2x^2+x+5, \cdots\}$

と書くことにする。

同様にして，$-x^3$ と x とが，

第 6 章 集合をめぐる冒険 217

$$-x^3 \sim x \quad \cdots ②$$

が成り立つことから作られる同値類を

$$C_x = \{x, -x^3, \cdots\}$$

と記す。また，

$$x^2 \sim (-1) \quad \cdots ③$$

から作られる同値類を

$$C_{-1} = \{-1, x^2, \cdots\}$$

と記す。

　ここで，重要な性質を提示しよう。それは，この同値関係「〜」による同値類には，必ず，$ax+b$ というタイプの1次式がひとつだけ含まれる，ということである。これを示すためには，高校で習う「多項式の割り算」という知識が利用される。習ったときは何の役に立つのか，と思ったに違いないが，意外なところで役立つのである。

　ここでは，具体例でそれを理解してもらうことにする。図6-10を眺めていただきたい。

x^5+2x^4 を x^2+1 で割って商と余りを出す

$$
\begin{array}{r}
\underline{x^3+2x^2-x-2} \longleftarrow 商 \\
x^2+1\,\big)\,x^5+2x^4 \\
\underline{x^5+x^3} \\
2x^4-x^3 \\
\underline{2x^4+2x^2} \\
-x^3-2x^2 \\
\underline{-x^3-x} \\
-2x^2+x \\
\underline{-2x^2-2} \\
\boxed{x+2} \longleftarrow 余り
\end{array}
$$

$x^5+2x^4=(x^2+1)(x^3+2x^2-x-2)+(x+2)$

図6-10

ここでは，多項式 x^5+2x^4 を $[(x^2+1)$ の倍数 $+1$ 次式$]$ と表す手順を示している。普通の数の割り算と同じように，最高次の項を消すように，$(x^2+1)\times\{($定数$)\times x^n\}$ という倍数を作って引き算を順次行っていくのである。最後は，$x+2$ を残して，この作業が終了する。この作業でできた商 (x^3+2x^2-x-2) と余り $(x+2)$ によって，x^5+2x^4 が，

$$x^5+2x^4 = (x^2+1)(x^3+2x^2-x-2)+(x+2)$$

と書けることが判明する。この作業が「多項式の割り算」なのであった。

　以上によって，$(x^5+2x^4)-(x+2)$ が (x^2+1) で割り切れることがわかり，

$$(x^5+2x^4) \sim (x+2)$$

となることがわかる。一般の多項式 $f(x)$ に対しても，このような (x^2+1) での割り算で1次式の余り $ax+b$ を出せば，どんな $f(x)$ もある1次式 $ax+b$ に対して，

$$f(x) \sim ax+b$$

となることが証明できるのである。

　そこで，すべての同値類は，1次式 $ax+b$ によって C_{ax+b} と表せることがわかった（$a=0$ ならこれは定数）。

　ここで，1次式 x を含む同値類 C_x を特別に i という記号で書くことにする。これを基礎にして，一般に $ax+b$ を含む同値類 C_{ax+b} を $ai+b$ と書くことにする。すると，すべての同値類の集合は，

$$\mathbf{C} = \{z | z \text{ は } z=ai+b \text{ と書ける同値類}\}$$

と表すことができる。実は，この集合 **C** こそが複素数を実

第6章　集合をめぐる冒険　219

現したものなのである。このことを示すために，前と同じように，同値類同士の足し算や掛け算を，その同値類が含む数を任意にピックアップして足し算や掛け算をして作った同値類と定義しよう。すると，$i \times i$ は，同値類 C_x と C_x との掛け算であるから，C_x から x を取り出し，$x \times x$ を含む同値類となる。ところで，もう一度③に注目すれば，$x^2 \sim (-1)$ であったから，この同値類 $C_x \times C_x$ は (-1) を含む同値類 C_{-1} と同じものとなる。すなわち，

$\quad C_x \times C_x = C_{-1}$

である。これは，$i \times i = (-1)$ を意味している。これこそがまさに複素数（虚数）の定義だったではないか。

この同値類計算を使えば，①②から，

$\quad 2i^2 + i + 5 = i + 3$

$\quad -i^3 = i$

などの等式がわかる。これが成り立つのは，単に左辺を展開して，i^2 を -1 と置き換えれば右辺と一致することからも再確認できる。このようにして，多項式の集合 A を同値類「〜」で類別した集合が，複素数の集合として実現されることになるのである。

複素数は 16 世紀のイタリアで考え出された。3 次方程式の解を表現するために，どうしても避けられないことになってしまい，仕方なく導入されたのだ。しかし，「2 乗が (-1) になる虚数単位」は，私たちの暮らす「この現実の空間」の中に見出すことができなかったため，あくまで「架空の」数として扱われた。そんな中，19 世紀の後半になってやっと，この集合の類別の技法によって，私たちに十分

に認識可能な実係数の多項式を土台にして，複素数の空間を実現することができるようになったのだ。

一方，20世紀になって，現実世界の物質現象においても複素数が発見される，という驚くべき展開が起きた。それはミクロの物質の運動法則を記述する量子力学においてである。ミクロの物質の運動法則は，複素数を使うとみごとに記述できることがわかったのだ。現実の物質が複素数計算に従うように運動しているのだから，もはや，複素数は実在物と言っていいだろう。このように，20世紀には，複素数は，数学の世界でも物理学の世界でも実在物となった（ミクロの物質と複素数の関係については，拙著『世界を読みとく数学入門』を参照のこと）。

†微分も同値類から理解できる

同値類の応用はまだまだある。というか，同値類は，現代の数学の根底を成す概念のひとつといっていいのである。それを明らかにするために，「同値類を使うと微分に別の見方を与えることができる」ことを解説する。

第3章の95ページで解説したように，2次関数 $f(x) = x^2$ の $x=1$ における局所近似1次関数は $y = 2x-1$ だった。これは，$x=1$ のごく近くでは関数 $f(x) = x^2$ の値は $2x-1$ でよく近似でき，$x=1$ に近ければ近いほど近似の精度が上がることを意味していた。

一方，3次関数 $g(x) = \dfrac{2}{3}x^3 + \dfrac{1}{3}$ は，$x=1$ のとき値1をとり，導関数が $g'(x) = 2x^2$ であることから，$x=1$ におけ

る微分係数は2であり，$x=1$ における局所近似1次関数は，同じ $y=2x-1$ であるとわかる。つまり，2次関数 $f(x)=x^2$ も3次関数 $g(x)=\dfrac{2}{3}x^3+\dfrac{1}{3}$ も，$x=1$ のごく近くでは1次関数 $y=2x-1$ とある意味「同じ」とみなせるわけだ。ならば，この「同一視」を同値類から実現できないものだろうか。実はできるのである。

今，$x=1$ を代入すると値が1となる（微分可能な）関数，別の言葉でいうと，グラフが点 $(1, 1)$ を通るような関数の集合を R とする。次に，R の要素である $f(x)$ と $g(x)$ の2項関係 $f(x) \sim g(x)$ を次の式で導入する。

$$\lim_{x \to 1} \frac{f(x)-g(x)}{x-1} = 0 \quad \cdots ④$$

この2項関係「$\sim$」が同値関係となることは，極限の操作になじんでいれば証明できるが，面倒なのでここでは省略しよう。

たとえば，$f(x)=x^2, g(x)=\dfrac{2}{3}x^3+\dfrac{1}{3}$ に対して，

$$f(x)-g(x) = -\frac{1}{3}(2x+1)(x-1)^2$$

となるので，

$$\lim_{x \to 1}\frac{f(x)-g(x)}{x-1} = \lim_{x \to 1} -\frac{1}{3}(2x+1)(x-1)$$

$$= -\frac{1}{3} \times 1 \times 0 = 0$$

から④が成り立つ。つまり，

$$x^2 \sim \frac{2}{3}x^3 + \frac{1}{3}$$

ということになる。他方，104ページで解説したように，$f(x)=x^2, g(x)=\frac{2}{3}x^3+\frac{1}{3}$ に対する微分係数の定義は，

$$\lim_{x \to 1}\frac{f(x)-(2x-1)}{x-1}=0, \ \lim_{x \to 1}\frac{g(x)-(2x-1)}{x-1}=0$$

という式が成り立つことだったが，これはまさに，

$$x^2 \sim 2x-1, \ \frac{2}{3}x^3+\frac{1}{3} \sim 2x-1$$

を意味している。つまり，同値関係「 $\sim$ 」は，「$f(x), g(x), 2x-1$ が同じ同値類に属し，$x=1$ のごく近くでは同一視できる」ことを意味するものだといえるのである。つまり，局所近似とは，関数を④のような同値関係で同一視する方法論のひとつだということなのだ。また，これが119ページの空間 τ のことだと考えることもできる。

実数を創る

集合論を利用すれば，望みどおりの「数」を創ることができることに気がついた数学者たちは，自分たちが自然なものとして扱っている数たちさえ，改めて「創り出そう」と考えた。それは，自分たちが扱っている数が，アタリマエに持っているだろうと思う性質が，どうやっても証明できなかったからである。

たとえば，実数は数直線を構成する数だが，当然，次のような性質を持っているべきだと考えられた。すなわち，

第6章 集合をめぐる冒険　223

「一定数 a を超えないが,単調に増加する実数の数列 $x_1, x_2, x_3, \cdots$ は,必ず収束値 y を持つ」だろうと。しかし,その証明がどうやっても得られなかった。図 6-11 を見れば直観できるように, a を超えない範囲でどんどん右に行くと,だんだん数の間隔が狭くなるので, a かそれよりも小さい数 y に収束していくように思える($\lim_{n \to \infty} x_n = y$ ということ)。イメージ的には明白であるにもかかわらず,数学者はどうやってもそれを証明できなかったのだ。

図 6-11

　これをさらに一般化した次の性質も成り立つものと考えられた。すなわち,「実数の数列 $x_1, x_2, x_3, \cdots$ が,十分大きな番号 m, n に対して, $x_m - x_n$ が望むだけ小さくなるなら,この数列はある一定数 y に収束する」。この性質は,**「完備性」** と呼ばれる(実はこの完備性は第 1 章で触れたヒルベルト空間で大事な役割をする)。この完備性が成り立つなら,さきほどの「一定数 a を超えないが,単調に増加する実数の数列 $x_1, x_2, x_3, \cdots$ は,必ず収束値 y を持つ」は簡単に証明できる。しかし,この「実数の完備性」の証明はどうやっても手に入れることができなかったのである。

　そこでカントールは,逆転の発想を持った。つまり,「完備性を持つように,実数を創り出してしまえばいい」と考えたのだ。カントールの方法は,これまで解説してきた「数の創造」と同じ手口である。つまり,「有理数から成る

数列」たちをすべて集めた集合をRとし，Rに対して同値類「〜」をうまく定義し，それが「完備性」を表すようなものにしたのである。Rをこの「〜」で同値類に分類してできる集合を実数の集合 **R** と定義したのだ（もう少し詳しい解説は，小島・黒川『リーマン予想は解決するのか』参照のこと）。

このようにしてカントールは，長い間数学者を悩ませてきた「実数とはどんな数か」という問題を解決したのである。

† 自然数を創る

数学者の次なる標的は，自然数であった。

自然数がどんな数であるかは，自然数があまりに基本的であるがために，非常に悩ましい問題であった。実際，自然数は人間の思考に本源的なもので，子供も経験によって理解できる。つまり，自然数とは，人間の脳に生来インプットされている概念だと思われる。

それだけに逆に，自然数を規定することは困難をきわめる。なぜなら，自然数を規定するためには，当然，自然数を使うことはできない。数の中で最も基本的な自然数を使わない，ということは，いかなる数も使わない，ということである。しかし，数概念を一切使わずに，どうやって数を定義したらよいだろうか。

この研究は，デデキント，ペアノ，フレーゲ，ラッセルといった優れた数学者がアプローチしたが，決定的な方法論を得たのは，20世紀前半のフォン・ノイマンであった。

フォン・ノイマンは数学，物理学，経済学，計算機科学など多くの分野に業績を残した天才である。「悪魔の頭脳」とあだ名がつくぐらい，頭の回転が速かったといわれている。その華々しい業績の中でも，とりわけコンピュータの発明で有名だ。以下，フォン・ノイマンの方法を使って自然数を「創る」ことにしよう。

フォン・ノイマンは次のように，集合論を利用して，自然数を創った。まず，「帰納的な集合」というものを定義する。

【帰納的集合の定義】
次の条件 (1) (2) を満たす集合 A を帰納的集合と呼ぶ。
(1) $\emptyset \in A$
(2) すべての $x \in A$ に対して $x \cup \{x\} \in A$

ここで (1) は，集合 A は空集合を要素に持つことを意味している。そして (2) は，A の要素とその要素をただ 1 つの要素とする集合を合併したものも A の要素であることを示している。

そして，次のように自然数を定義したのである。

【フォン・ノイマンによる自然数の定義】
帰納的集合の中で包含関係において最小のものを自然数と呼ぶ。具体的には，すべての帰納的集合の共通部分がそれである。

具体的には,「フォン・ノイマンの自然数」は,次のようなものとなる。

$0 = \emptyset$

$1 = \{\emptyset\}$　$(= \{0\})$

$2 = \{\emptyset, \{\emptyset\}\}$　$(= \{0, 1\})$

$3 = \{\emptyset, \{\emptyset\}, \{\emptyset, \{\emptyset\}\}\}$　$(= \{0, 1, 2\})$

⋮

つまり,空集合を0と定義し,0をただひとつの要素として持つ集合を1と定義し,0と1とを要素として持つ集合を2と定義し,以下同様に定義していくのである。これが,「帰納的集合」のひとつであることは,(1)(2)をチェックすることでわかるだろう(もっと詳しく知りたい人は,拙著『数学でつまずくのはなぜか』参照のこと)。

以上で,「数を創る」話は終わりにする。この「数を創る」という態度に,物理学者と数学者の違いが如実に表れているといっていい。物理学者は,あくまでこの自然界で実際に成り立つ法則を暴こうとする。あるがままをとらえようとする。しかし,数学者は,成り立ってほしい概念を備えた素材を創り出してしまう。つまり,新しい世界観,観念の中にしか存在しないような数や空間を,それが論理的な矛盾をはらまない限りにおいて,捏造してしまうことに躊躇しないのである。

†ゼロ÷ゼロの矛盾を避けるために

集合論の最後の話題に移ろう。それは「トポロジー」というものである。

第6章　集合をめぐる冒険　　227

トポロジーの起源は，17世紀の数学者ニュートンによる「微分積分」の発見に求められる。彼は，重力のような「力」が物体に働くとき，物体の速度が一定にならないことに気づき，そして，「時々刻々と速度が変わる運動」を表現する必要が生じた。言い換えるなら，どの「瞬間」にも別の値をもつような「速度」を定義しなければならなかったのだ。そのプロセスで，いわゆる「微分積分」を生み出したのである。

　たとえば，空中で手を離した物質の自然落下は，近似的にはx秒間に$5x^2$メートルの落下，という式で表すことができる（$4.9x^2$のほうがよい近似だが，わかりやすさを優先してこちらにした）。この式で1秒後ちょうどの「瞬間速度」を計算するものが微分係数となるのだ。

　まず，$x=1$から微小な増分Δxを考える。この1秒から$1+\Delta x$秒の間の落下距離は，

　$\Delta y = 5(1+\Delta x)^2 - 5 = 10\Delta x + 5(\Delta x)^2$

したがって，このΔx秒間の平均落下速度は，

　$\Delta y \div \Delta x = 10 + 5\Delta x$

である。ここでΔxを0に近づけた極限を求めると10になるので，瞬間速度は10（メートル／秒）と求められる。そしてまさにこれは，$x=1$における微分係数を求めたことに対応する。

　しかし，よくよく考えてみると，この計算には疑問がある。瞬間速度を求めたいなら，はじめから$\Delta x=0$とすればいいのではないか，と。しかし，これにはたいへんな失敗が待ち受けていることに気がつくだろう。時間の増分

$\varDelta x=0$ なら，当然，落下距離 $\varDelta y=0$ となる。これで速度を計算すると $\varDelta y \div \varDelta x = 0 \div 0$ となって，「ゼロ÷ゼロ」という数学の禁じ手に抵触することになってしまう。それで前述したように，わざと「瞬間ではない」時間経過を使って，平均速度を計算した上で，そのあと経過時間を「瞬間に近づけて」その極限を見出す，というまわりくどいことをしたわけなのだ。

86ページの無限小解析のところで説明したように，ニュートンがこの計算を編み出したとき，「$\varDelta x$ はどんな正の数よりも小さいがゼロではない数」と考えているふしがあった。これは，ニュートンより以前に微分法に肉薄していたフェルマーやデカルトの考え方を踏襲したものであった。このような $\varDelta x$ は「**無限小の数**」と呼ばれる。

この仮想的な「無限小の数」は，イメージ的にいうなら，「ゼロのすぐ隣の数」と考えられる。しかしこのイメージは残念ながら論理的に破綻している。ゼロでない任意の数とゼロの中間には必ず他の数がはさまるので，「隣の数」などありえない。

† トポロジーとは開区間の膨らみのこと

このような「瞬間速度が内包する論理的な破たん」を，数学は200年もの歳月をかけて，悪戦苦闘の末に解消した。そのプロセスで登場したのが，「**トポロジー**」なのである。トポロジーは日本語では「位相」という。しかし，物理学において「位相」は別の概念（phase）に用いられることもあるので注意を要する。

第6章 集合をめぐる冒険　229

トポロジーでは、1点だけを考えず、その周囲にある「膨らみ」をあわせて考える。数直線を例にして、これを説明してみよう。数直線においては、「膨らみ」とは、**開区間**のことだ。開区間とは、変数xと定数a, bとによって、$a < x < b$で表される区間のこと（ここで不等号が、≦、でなく、＜、なのがポイント）。この開区間を利用して、「近く」という概念を数学的に定義する。

　数直線上で、「集合Uが点Aの属する開区間を少なくとも1つ包含している」とき、集合Uを「点Aの**近傍**」と呼ぶ。たとえば、点Aを数1とした場合、開区間$0 < x < 2$は点Aの近傍である。また、閉区間$0 \leq x \leq 3$も、開区間$0 < x < 2$などを包含しているので、点Aの近傍である。しかし、「有理数の集合」は点Aの近傍とはならない。なぜなら、どんな開区間$a < x < b$も必ず無理数を含むので、「有理数の集合」は点Aの属するいかなる開区間もまるまる含むことはないからだ。

　すべての点の近傍全部を集めた集合を「**近傍系**」と呼ぶ。「トポロジー」とは、要するに、この「近傍系」のことなのである。

　トポロジー、つまり近傍系を利用すると、先ほどのニュートンの瞬間速度を、次のように整合的に定義できる。

　まず、時刻を数直線（x軸）で表すとき、1秒後ちょうどとは$x = 1$なる点Aに対応する。「点Aの近傍」とは、点Aを含む開区間$a < x < b$（ただし、$a < 1 < b$）を包含するような集合のすべてだ（図6-12）。ここでは、都合上、それらの中から閉区間$a \leq x \leq b$（ただし、$a < 1 < b$）という近傍だ

図 6-12

開区間
$a < x < b$

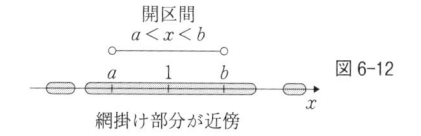

網掛け部分が近傍

けに注目することにする。次に、これらの点 A の近傍である閉区間のすべてで、物質の落下の平均速度を計算しよう。これらはいずれも「瞬間」ではなく、「幅」を持った区間なので、計算は反則「ゼロ÷ゼロ」には抵触しない。ここに、開区間という「膨らみ」が内包されていることが生きてくる (1 点は閉区間だが、開区間を包含しないので近傍ではない)。これらの各近傍に対応する平均速度の数値たちに対し、区間の幅を縮めていったとき、最後まで生き残る数値を探そう。その生き残る数値が「瞬間速度」と定義されるのだ。

具体的にやってみる。点 A の近傍である閉区間 $a \leqq x \leqq b$ (ただし、$a < 1 < b$) で平均速度を計算すると、

$$(5b^2 - 5a^2) \div (b-a) = 5(b+a)(b-a) \div (b-a)$$
$$= 5(b+a)$$

となる。これに対して、区間 $a \leqq x \leqq b$ が 1 を含むように (つまり、$a < 1 < b$ を満たすように) 幅を縮めていくとどうなるかを考える。

まず、「10」という数値はどんなに小さい幅になっても生き残ることを確認しよう。実際、α を与えられた十分小さい数としよう。$a = 1 - \alpha, b = 1 + \alpha$ (ただし、α は正の数) とすれば、閉区間 $a \leqq x \leqq b$ の幅は十分小さい幅 2α である。もちろん、閉区間 $a \leqq x \leqq b$ は $x = 1$ を含んでいる。そして

第 6 章 集合をめぐる冒険　231

$5(b+a)=10$ となるから、どんな小さい幅2αをとっても10は速度に含まれているのである。

　他方、この「10」以外の速度は、幅を十分小さくした任意の区間$a≦x≦b$に対しては$5(b+a)$の値として現れなくなる。なぜなら、$a=1-\alpha, b=1+\beta$（ただし、αもβも正の数）と書き直しておくと、区間の幅は$\alpha+\beta$であり、$5(b+a)=10+5(\beta-\alpha)$と表される。$\alpha$も$\beta$も幅より小さい正の数だから、$5(b+a)$は10から幅の5倍よりも離れた値を決してとれない。だから、10以外のどの速度も幅を十分に小さくすれば、必ず排除されてしまう。

　以上の分析から、点Aの近傍である閉区間の幅を小さくしていったとき、最後まで生き残る速度は10のみだとわかった。10という平均速度だけが近傍幅の任意の数値に対応して存在しうる、ということである。この数値をして、「1秒後の瞬間速度は秒速10メートル」と定義すればいい。ここには、「0による割り算」も、「0の隣の数」という概念も使われていないから、何も矛盾をはらまない議論である。そして、近傍の列が共通に含む点は点Aのみ、という意味で、「瞬間」を表現しているのである。

† **近傍を一般的に定義しよう**

　近傍を定義するとき、開区間を使うのは本質的である。なぜなら、開区間$a<x<b$には「突き当りの壁」がない。$a<x<b$を満たすどんな数xに対しても、xより小さい数で同じ区間に含まれる数も、xより大きい数で同じ区間に含まれる数も存在している。たとえば、区間$1<x<2$でか

なり左側のほうの数である 1.00001 を選んでも，それより 1 に近い 1.000001 が同じ区間に存在している。

つまり，特定の開区間に属するどの点も「自分のごく左そばとごく右そばの点はその同じ区間に含まれる」という性質をもっている。これこそが，「膨らみ」というニュアンスを実現するものであり，トポロジーの本性に関わるものなのだ。

トポロジーを定義する「近傍系」は，当初はこのように，「開区間」が定義に利用された。また数直線ではなく，座標平面上の場合では，「円の周を含まない内部」が利用された（たとえば，$x^2+y^2<1$ は $(0,0)$ の近傍）。しかし，研究が進むにしたがって，数学者たちは，「近傍系」にとって本質的な性質は 4 つの公理で言い尽くせることに気がついた。そして，「近傍系」をより一般的・抽象的に定義することによって，数直線や座標平面だけでなく，もっとずっと多様で抽象的な空間にも，トポロジーを導入できるようになったのである。数学は，一般にこのような発展経路をたどる。当初は，具体的な事物について定義されるが，次第に本質は具体物の属性そのものにないことに気づき，もっと抽象的に定義することによって，ずっと広い対象に応用されていくのである。

数学者がたどりついた「近傍系の公理」とは次に示すものだ。

【近傍系の公理】

点 A の近傍とは以下の 4 条件を満たす集合たちのこと

である（図6-13）。

（N0）集合Uが点Aの近傍ならば，集合Uは点Aを要素として持つ（A∈U）。

（N1）集合Uが点Aの近傍で，集合Uが集合Vに包含される（U⊂V）ならば，集合Vも点Aの近傍である。

（N2）集合Uと集合Vが点Aの近傍ならば，UとVの共通集合（U∩V）も点Aの近傍である。

（N3）点Aの近傍であるいかなる集合Uに対しても，次の【性質＊】を持つ点Aの近傍Vが存在する。

【性質＊】　集合Vの任意の点Pに対し，Uは点Pの近傍となる。

空間Xが，その点と部分集合に関し，この4つの公理を満たす「近傍系」を持つとき，空間Xは**位相空間（トポロジカル・スペース）**と呼ばれる。

まず，この定義が今までの話とつじつまがあうことを確かめてお

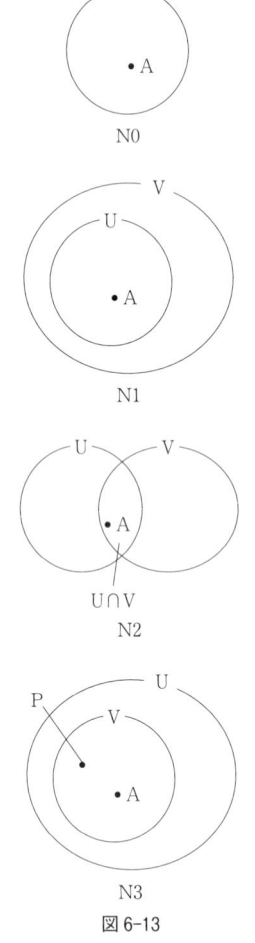

図6-13

こう。数直線上の点の集合（実数の集合）Uに対して，「U が点Aの近傍であること」を次のように定義する（図 6-14）。

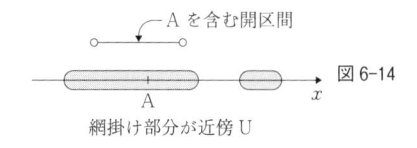

Aを含む開区間

図6-14

網掛け部分が近傍U

「集合Uは，点Aの属する開区間を少なくとも1つ包含 している集合である」…(☆)

すると，N0, N1, N2, N3 の4つの公理が満たされること が以下のように確かめられる。まず，集合Uが（☆）を満 たすなら，Uが点Aを含むことは明らかなので，公理N0 は成り立つ。さらに，Uを包含している集合V（つまり， U⊂Vを満たすV）も当然，（☆）を満たす（同じ開区間を含 む）からN1も成立する。

次にN2を確認するために，集合Uも集合Vもともに （☆）を満たすとしよう。このとき，集合Uは点Aの属す るある開区間 $a<x<b$ を包含し，集合Vは点Aの属する ある開区間 $c<x<d$ を包含している（図6-15）。このと き，2つの開区間 $a<x<b$ と $c<x<d$ は少なくとも点A を共有するので，これらの共通部分は，やはり点Aを含む ある開区間 $e<x<f$，となる（図6-15では，$c=e$，$b=f$ と なっている）。したがって，集合Uと集合Vはともにこの 点Aの属する開区間 $e<x<f$ を包含するから，集合Uと 集合Vの共通集合（U∩V）も同様である。これで，N2が

第6章　集合をめぐる冒険　235

成り立つことが確かめられた。

最後のN3を確認しよう。集合Uが（☆）を満たすとする。このとき，点Aの属する開区間で集合Uに包含されるものがあるので，それを$a<x<b$としよう。このとき，この開区間$a<x<b$自身を集合Vとしてとれば，これがまさに公理
N3を満たすVとなる。実際，開区間$a<x<b$は点Aの属する開区間そのものだから（☆）を満たし，したがって，点Aの近傍。しかも，この開区間に属する任意の点Pに対し，集合Uは条件「集合Uは，点Pの属する開区間を少なくとも1つ包含している集合である」を明らかに満たす（実際$a<x<b$を包含している）。これでN3が確認された。

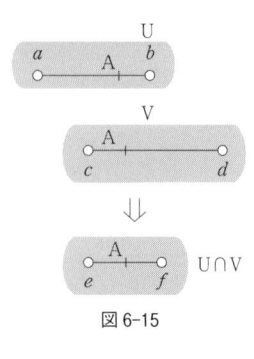

図6-15

†トポロジーとは「お隣さん」の代数

前節の話に対して，もう少しイメージ的な解説を補足することにしよう。

あえて誤解を恐れず直観的にいうと，「近傍」とは，「点Aのごく近くの点ぜんぶを含む領域」，もっと大胆にたとえると，「家Aとその隣家たちを合わせた区域」のことなのだ。

実際，論理破綻に目をつぶって「家Aおよびその隣家の全体」を空想し，その区域をOと書こう。この区域Oを含む地域を点Aの近傍と考えればいい。

地域UがOを含んでいるなら，点Aを含むのでN0が成り立つ。また，地域Uを包含する（つまり，地域Uを囲む，より大きい）地域VもOを含んでいるのは明らかだからN1も成り立つ。また，2つの地域UとVがOを含んでいるなら，その共通地域もOを含んでいるからN2が成り立つ。ここまではほとんど当たり前だろう。

　最後のN3を理解するために，Oを含む地域Uを任意にとる。そして地域VとしてOそのものをとろう。つまり，Vは「家Aとその隣家の全体」だ。ここで，Vに属するすべての家Pに対し，Vは家Aの隣家の集まりであるばかりではなく，家Pの隣家の集まりでもある，とイメージしよう。「隣家は隣家にとっても隣家」みたいな感じである。すると，Vは「家Pおよびその隣家の全体」となるので，地域Vを含む地域Uは点Pの近傍ともなるわけだ。これはN3を意味している。以上における「隣家は隣家にとっても隣家」というのが，開集合の雰囲気を表しているものなのである。

　以上は，もちろん，かなり雑な理解であり，単なる比喩にすぎない。しかし，近傍というものが内包しているニュアンスをうまく表している，ともいえる。そして，このニュアンスを矛盾なく実現するものこそが，さきほどのN0からN3の4つの公理だというわけなのである。

†内部，外部，境界を取り決める

　「近傍系」は何かに応用できるのだろうか。実は，応用はたくさんある。本書では，代表的な応用を2つ紹介するこ

とにする。

「近傍」の応用として、まず、空間内にある図形や領域などの「**内部**」「**外部**」「**境界**」を明確に定義してみることにしよう。次のように取り決める。

【空間の内部，外部，境界の定義】

位相空間X上の図形（点の集合）Gに対して、

（ⅰ） 点Aが図形Gの「内部の点」であるとは、「点Aの近傍Uで図形Gに包含される（U⊂G）ものが存在する」場合をいう。

（ⅱ） 点Bが図形Gの「外部の点」であるとは、「点Bの近傍Uで図形Gと交わらない（U∩G＝∅）ものが存在する」場合をいう。

（ⅲ） 点Cが図形Gの「境界の点」であるとは、「図形Gの内部の点でも外部の点でもない」場合をいう。このことは、次のように言い換えることもできる。すなわち、点Cのどの近傍も図形Gとも交わり、かつ図形Gの点でない点も含んでいる場合。

以上のことを具体例で確かめてみよう。

まず、空間を座標平面とし、点Aの「近傍」を次のように導入する。

（☆）集合Uが点Aを中心とする円（周を含まず）を包含するとき、集合Uは点Aの近傍である。

このとき、たとえば、座標が次の不等式を満たす点(x, y)の作る図形Sを考えよう。

$0 \leqq x \leqq 1$ かつ $0 \leqq y \leqq 1$

これは，図 6-16 のように正方形となる（第 1 章 31 ページでも扱った）。この正方形 S に対して，たとえば点 A(0.8, 0.2) は内部の点だ。なぜなら，図のように A を中心に十分小さい（周なし）円を描けば，それを図形 S が包含することができるからである。また，点 B(0.5, 1.4) は外部の点だ。点 B を中心とする円ですごく小さいものを作れば，正方形 S と交わらなくできるからである。そして，点 C(0, 0.6) は，点 C を中心とするいかなる円も，正方形 S の点とも必ず交わり，正方形 S の点でない点も必ず含むので，正方形 S の境界の点だとわかる。

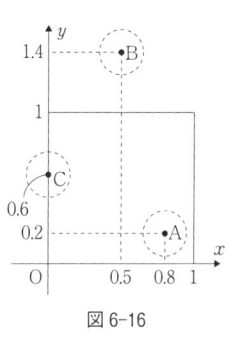

図 6-16

この例では，「目で見てわかることを何でコムズカシク言っているのか」と思われるかもしれない。しかし，数学では，目で見ることができず，想像も及ばない空間が存在する。たとえば，4 次元空間や 5 次元空間がそうである（第 1 章参照）。そのような空間の中の図形の内部や外部を理解しようとするときに，この方法は威力を発揮するのである。

† 「連続」と「不連続」はどう違う？

次の応用例として，関数の連続性のことを解説しよう。関数が「**連続**」というのは，「**グラフがひとつながりになっていること**」，言い換えると，「鉛筆を紙から離さないでグ

第 6 章 集合をめぐる冒険　239

ラフをなぞることができること」をいう。たとえば，1次関数 $y=3x+2$ のグラフは直線だから1次関数は「連続」である。また，2次関数 $y=5x^2$ のグラフは放物線だから，これも「連続」だ。

逆に「**不連続**」というのは，「**どこかでグラフがちぎれている**」，言い換えると，「グラフを鉛筆でたどっていくと，どこかで紙から鉛筆を離して，ジャンプしなくてはならない」，そういう関数のことである。初歩的な関数では不連続の例は少ないが，「**タクシー料金関数**」がある。

タクシー料金は，現在の（2011年の）東京の代表的なものでは，初乗り2000メートルまで710円。それを超えると288メートルごとに90円の加算となっているようだ。これを x 軸に輸送距離，y 軸に料金を取ってグラフに描くと図6-17

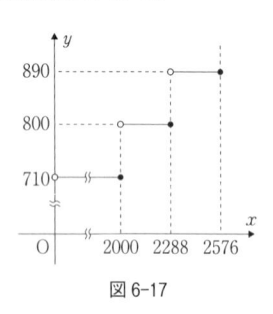

図 6-17

のようになる。見てわかるとおり，$x=2000$ のところ，$x=2288$ のところなどで，グラフがちぎれている。つまり，グラフをたどるためには，いったん鉛筆を紙から離さなくてはならない。このようなとき，この関数は「$x=2000$ で不連続である」という。

このような「連続」「不連続」は，「近傍」を利用すると，以下のように，ごまかすことなく，あいまいさなく定義することができる。

位相空間 X の各点に位相空間 Y のどれか1点を決まっ

た規則で対応させることを「XからYへの写像」といい，記号fで表す。写像fでXの点xにYの点yが対応しているとき，$f(x)=y$と記す。たとえば，1次関数$y=3x+2$は，数直線の空間Xから数直線の空間Yへの写像だ。

空間Xから空間Yへの写像fに対して，「空間Y内の図形Zのfによる空間Xへの引き戻し」を$f^{-1}(Z)$という記号で書く。これは，写像fによって対応するYの点が図形Zの点であるような空間Xの点xを集めた集合のこと。すなわち，$f(x)$がZの要素となるXの点xすべてを集めた集合のことなのである。集合の記法できちんと定義するなら，

$\quad f^{-1}(Z) = \{p | p \in X \quad$ でかつ $\quad f(p) \in Z\}$

たとえば，数直線Xから数直線Yへの写像が1次関数$f(x)=3x+2$で与えられた場合，数直線Y上の区間$5 \leq y \leq 8$を線分図形Zと記すなら，Zの引き戻し$f^{-1}(Z)$は，不等式$5 \leq 3x+2 \leq 8$を解けば得られる。したがって，$f^{-1}(Z)$は区間$1 \leq x \leq 2$となる。

この引き戻しの記号を使って，「空間Xから空間Yへの写像fがXの点aにおいて連続写像である」ことを次のように定義しよう。

【「点aにおいて連続」の定義】

aに対応する空間Y内の点$f(a)$の任意の近傍Uに対し，Uの写像fによる引き戻し$f^{-1}(U)$が必ず空間Xにおける点aの近傍になるとき，「**写像fは点aにおいて連続**」という。

ここでの「近傍の引き戻しが近傍になる」とは，どんなことを意味しているのだろうか。これまでもたびたび使ってきた比喩を用いるなら，次のようにたとえることができる。すなわち，「**写像 f は，点 a を点 $f(a)$ に対応させるだけでなく，a の隣家もみな点 $f(a)$ の隣家に運ぶ**」とき，「f は点 a において連続」と呼ぶのである。もっとイメージ的にいうなら，「**a のすぐそばの点を $f(a)$ のすぐそばの点に対応させること**」が「連続」ということの正体だというわけだ。もちろん，これは比喩であり，論理破綻なく定義するためには「近傍」を利用しなければならないことはいうまでもない。

　さらには，「点 a において連続」を拡張して，次のように「連続写像」が定義される。

【連続写像の定義】

　空間 X から空間 Y への写像 f が，X のすべての点において連続であるとき，写像 f を**連続写像**という。

†不連続な写像を具体的に見てみよう

　以上の「点 a において連続」の定義を理解するには，むしろ「不連続な」写像を観測したほうがいい。図6-18を見てみよう。

　これは数直線の空間 X（x軸）から数直線の空間 Y（y軸）への写像だ。見てのとおり，$x=1$ のところでグラフがちぎれている，つまり「$x=1$ において不連続」である。このことを定義に則して確認してみよう。図では，$f(1)=2$

だから、写像 f は x 軸上の $x=1$ の点を y 軸上の点 $y=2$ に対応させている。しかし、y 軸上の点 $y=2$ の近傍として図の U を取ると、引き戻し $f^{-1}(U)$ は点 $x=1$ を端点としている。つまり、$x=1$ を含む開区間を包含しない。なので、$f^{-1}(U)$ は点 $x=1$ の近傍ではない。したがって、ちゃんと定義どおりの意味で、

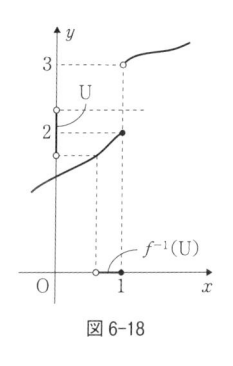

図 6-18

「点 $x=1$ において連続ではない」、ということが確認された。

このことを比喩的にいうなら、点 $x=1$ のすぐ '右隣' の点が、y 軸上では点 $y=2 (=f(1))$ のすぐ '隣' に来ず、点 $y=3$ のあたりに吹っ飛んでしまっている、ということを意味している。つまり、「隣家が隣家に対応していない」わけなのだ。これこそがまさに「グラフがちぎれている」ということそのものを表しているといえる。

以上のように、想像力が及ばない空間における図形の特性、たとえば「内部・外部・境界」といったものや、「つながっている・ちぎれている」といったものを定義したり、見抜いたりするには、集合論は大きな威力を発揮する。このようにして、カントールに始まる集合論は、その後の数学を完全に刷新してしまったのである。それは、数学の激しい抽象化の道筋であり、新しい数学世界の到来なのだ。

第 6 章　集合をめぐる冒険　243

†**伸び縮みの幾何学**

　最後にトポロジーの応用として,「伸び縮みさせて同じになる図形を同一視する」という話を紹介しよう。

　読者に「円と長方形は同じ図形」と言ったら笑われるかもしれないが,そういう見方が可能であることを数学者は発見したのである。簡単にいうと,「円を連続変形させれば長方形になる」(図 6-19)ので,「連続変形で一致させられる図形は同じ図形とみなす」ということである。ここで「連続変形」というのは,図形をハサミで切って組み替えることなしに伸縮だけによって変形することを意味する。

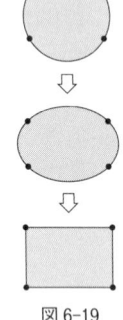

図 6-19

　これをもっと厳密に規定するには,「連続写像」を用いればいい。「平面上の図形 P を図形 Q に写す 1 対 1 写像 f で, f も逆写像 f^{-1} も連続写像であるものが存在するとき,図形 P と図形 Q は同じ図形とみなす」,ということである。

　このことを,同値関係を使って,もっと正確に表現してみよう。

　今,平面上の図形たちに対して,次のように 2 項関係を導入する。すなわち,図形 P と図形 Q に対して,「図形 P を図形 Q に写す 1 対 1 写像 f で, f も逆写像 f^{-1} も連続写像であるような f が存在する」とき, P〜Q と定義する。すると,

　　(ⅰ)　P〜P

は，自然に成立する。写像 f として P の任意の点を自分自身に対応させるもの（$f(x)=x$ となる f），と定義すればいいからだ。さらに，

（ⅱ）　P～Q ならば，Q～P

も成り立つ。なぜならば，P～Q から，「P を Q に写す 1 対 1 写像 f で，f も逆写像 f^{-1} も連続写像となる f」が存在するが，この写像の逆写像 f^{-1} は，「Q を P に写す 1 対 1 写像で，自分もその逆写像 f も連続となる」からである。そして，

（ⅲ）　P～Q かつ Q～R ならば，P～R

を示すには，次のようにすればいい。まず，「P を Q に写す 1 対 1 写像 f で，f も逆写像 f^{-1} も連続写像となる f」が存在し，「Q を R に写す 1 対 1 写像 g で，g も逆写像 g^{-1} も連続写像となる g」が存在するが，このとき，合成写像（67 ページ参照）$g \circ f$ を作ると，それは，「P を R に写す 1 対 1 写像で自分も逆写像も連続写像となる写像」になるからである（図 6-20）。このようにして定義された同値関係「～」によって，図形を類別すると，円と長方形は同じ同値

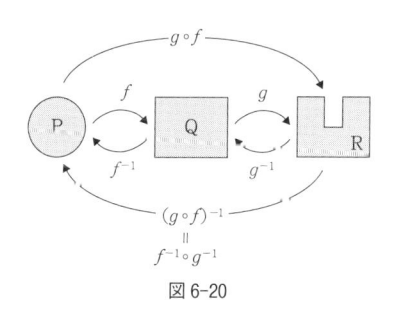

図 6-20

第 6 章　集合をめぐる冒険　245

類に入る。つまり、この同値関係によって、円と長方形を同一視してしまうことができるわけなのだ。ちなみに、図6-21のように円と50円玉は同じ同値類には入らない。このことの証明は簡単そうだがけっこう難しい。

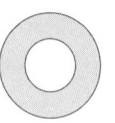

　以上で集合からスタートした冒険はすべて終了した。お楽しみいただけただろうか。

参考文献

[本文中で挙げた著者の本]

小島寛之『数学オリンピック問題にみる現代数学』講談社ブルーバックス，1995 年

小島寛之『天才ガロアの発想力』技術評論社，2010 年

小島寛之『ゼロから学ぶ線形代数』講談社，2002 年

小島寛之『ゼロから学ぶ微分積分』講談社，2001 年

小島寛之『無限を読みとく数学入門』角川ソフィア文庫，2009 年

小島寛之『世界を読みとく数学入門』角川ソフィア文庫，2008 年

黒川信重・小島寛之『リーマン予想は解決するのか？』青土社，2009 年

小島寛之『数学でつまずくのはなぜか』講談社現代新書，2008 年

[もっと本格的に勉強したい人へお薦めの本]

＊微分積分について

堀川穎二『新しい解析入門コース』日本評論社，1992 年

　本書での微分・積分のアプローチを考案する際に，最も参考になった本。東京大学の講義用に書かれた斬新な教科書。

＊線形代数について

草場公邦『線型代数（増補版）』朝倉書店，1988 年

　わかりにくい線形代数をなんとかわかるように工夫して書いている本。クラメールの公式から始まっている点が本書と似て

いる。行列や線形写像を理解するには最も良い本だと思う。
*位相について
一樂重雄『意味がわかる位相空間論』日本評論社，2008 年

　本書の位相の解説のために最も参考になった本。位相についてこれほどわかりやすく解説している本は珍しいと思う。
*集合について
田中一之・鈴木登志雄『数学のロジックと集合論』培風館，2003 年

　集合，連続体仮説，数の創造といったトピックスが解説されている。簡単な本ではないが，挑戦する価値のある一冊。

あとがき

めざせ，21世紀の『数学入門』

　数学という教科は，ほとんどの中高生にとって，一番の難行苦行でしょう。現在進行形で苦しんでいる人も，過去の嫌な思い出となっている人も多いはずです。でも，その反面，数学を独習したい，という強い欲求を持った人もたくさんおられることと思います。仕事の参考にしたり教養をつけたりしたい社会人の方や，知識を先取りしたい中高生諸君などがそれです。本書は，そういう，数学の独習を欲している人のために書き下ろしました。

　いま挙げたような目的で数学を独習したい場合，教科書や参考書はぜんぜん適していません。なぜなら，教科書や参考書には，次の3つのものが欠けているからです。

　①スピード感　　②思想性　　③躍動感

　教科書は，何人もの著者が関わり，文科省が検定し，たくさんの学校の先生が1年をかけて教えます。だから，じっくりのんびり進みますし，特定の見方や思想を打ち出すことはできません。現代数学とのつながりにまで足をのばすことなど到底無理です。

　ところが，数学を独習したい人には，この3つこそが，とても大事な点ではないでしょうか。仕事に活かすため，知識を先取りするために独習するなら，とにかく手っ取り早く成果を得たいに決まっています。また，「結局それっ

て，何を意味しているの？」という素朴な疑問や，「このトピックって，どんな最先端の話題につながっていくの？」という好奇心で，頭の中はいっぱいでしょう。

本書は，これらの要求に応えられるよう，ビュンビュン進むスピード感と，計算や定義の背後にある思想性と，現代数学とリンクする躍動感とを兼ね備える記述を心がけました。読者の皆さんに，筆者の意図がまっすぐ伝わることを祈っています。

本書は，ちくま新書の前２作，『使える！ 確率的思考』『使える！ 経済学の考え方』を企画・編集してくださった増田健史さんに，再び企画・編集していただきました。増田さんは，ある日の打ち合わせで，こう切り出しました。「遠山啓の『数学入門』に匹敵する本を作りませんか？」と。ぼくは，これにはさすがに驚き，そして逡巡しました。なぜなら，遠山啓『数学入門』（上・下，岩波新書）は，ぼくにとって「青春の書」だったからです。

ぼくは，中学１年生のときに数学に目覚め，数学を独習しました。中学３年分の数学を先取りしてしまった後に，高校以上の数学を独習したい欲求を持ちました。そのとき，最も役に立った本が，遠山啓『数学入門』だったのです。なぜなら，この本は，上記の①②③をすべて兼ね備えていたからです。ぼくはこの本で，三角関数や対数関数を知り，微分積分を習得し，複素数を理解しました。おおざっぱには，大学初年級くらいまでの知識が，１カ月ぐらいで身についた勘定だったと思います。

ぼくはこの本を，繰り返し繰り返し読み直しました。歴

史的なエピソードや身近な例などが豊富だったので，何度読んでも楽しく，また，思想性に富んでいたので，読むたびに発見があったからです．

　そんな，ぼくにとってのバイブルのような本の向こうをはるなど，荷が重く思えました．でも，頭の片隅では，わくわくする気持ちを抑えられませんでした．遠山さんの本を超えることは難しいけれど，それがかなわないとしても，十分チャレンジする価値がある仕事だと思ったからです．遠山さんの本は今では古典となってしまっているし，ぼく自身は，20年以上の数学ライターの経験から，遠山さんとは異なる数学観を構築してきました．それで，分不相応とは思いつつも，新しい『数学入門』，21世紀の『数学入門』を書く企画を引き受けることにしたのです．

　本書は，遠山版を参考にしながらも，多くの点で異なるアプローチをとっています．第一に，遠山版で重んじられた複素平面と代数方程式は扱いませんでした．代わりに，複素数を集合論で構成する現代的な方法を紹介しています．また，遠山版では軽く触れられているにすぎないベクトル，行列，行列式とそれらの代数をかなり丁寧に解説しました．これらは線形代数という分野に属するものですが，現代のどの数理科学にも欠かせないアイテムだからです．また，微分も積分も，遠山版とは大きく異なる導入をしています．これらは，ぼくの数学教育経験の集大成だと言っていいでしょう．

　そして，最も異なる部分は，第6章での集合論と位相空間の理論でしょう．これらは，数学基礎論という分野に属

あとがき　251

し，高度に抽象的です。にもかかわらず，それをどうにか読者に伝えたいと思ったところは，遠山さんの数学観とぼくのそれとで，最も隔たりが大きいところではないか，と思います。

　本書の原稿は，親友の，東京大学物性研究所の加藤岳生さんに査読をしていただき，たくさんの有益なアドヴァイスをいただきました。末筆ながらお礼を申し上げます。もちろん，誤りはすべて著者の責任であることはいうまでもありません。また，このようなチャレンジングな企画を成立させてくださった，ちくま新書編集部の増田さんにも敬意を表します。ぼく自身には，恐れ多くてとても打ち出す勇気の出ない企画でした。そして本にする段階では，同編集部の江川守彦さんにもお世話になりました。あわせて感謝いたします。

　本書が成功したかどうかは，これで数学を独習した読者の，その後の数学との関わりに依存すると思います。少なからぬ人が，この本での数学の理解を土台にして，もっと深く，そしてもっと楽しく数学を学べるようになってくださることを望んでやみません。

　2012年6月，原発事故でいまだ混乱する日本にて。確かな未来は結局，真摯で誠実な科学的探求こそが切り拓くのだ，という強い想いの中で──

小島寛之

ちくま新書
966

　　　　　すうがくにゅうもん
　　　　　数学入門

2012年7月10日　第1刷発行
2022年3月25日　第5刷発行

著者
小島寛之
（こじま・ひろゆき）

発行者
喜入冬子

発行所
株式会社筑摩書房
東京都台東区蔵前2-5-3　郵便番号 111-8755
電話番号 03-5687-2601（代表）

装幀者
間村俊一

印刷・製本
株式会社精興社

本書をコピー、スキャニング等の方法により無許諾で複製することは、法令に規定された場合を除いて禁止されています。請負業者等の第三者によるデジタル化は一切認められていませんので、ご注意ください。
乱丁・落丁本の場合は、送料小社負担でお取り替えいたします。
© KOJIMA Hiroyuki 2012　Printed in Japan
ISBN 978-4-480-06666-4 C0241

ちくま新書

002 経済学を学ぶ　岩田規久男

交換と市場、需要と供給などミクロ経済学の基本問題から財政金融政策などマクロ経済学の基礎までを、現実の経済問題に即した豊富な事例で説く明快な入門書。

035 ケインズ ——時代と経済学　吉川洋

マクロ経済学を確立した20世紀最大の経済学者ケインズ。世界経済の動きとリアルタイムで対峙して財政・金融政策の重要性を訴えた巨人の思想と理論を明快に説く。

263 消費資本主義のゆくえ ——コンビニから見た日本経済　松原隆一郎

既存の経済理論では説明できない九〇年代以降の消費不況。戦後日本の行動様式の変遷を追いつつ、「消費資本主義」というキーワードで現代経済を明快に解説する。

336 高校生のための経済学入門　小塩隆士

日本の高校では経済理論をきちんと教えていないようだ。本書では、実践の場面で生かせる経済学の考え方をわかりやすく解説する。お父さんにもピッタリの再入門書。

502 ゲーム理論を読みとく ——戦略的理性の批判　竹田茂夫

ビジネスから各種の紛争処理まで万能の方法論となっているゲーム理論。現代を支配する"戦略的思考"のエッセンスと限界を描き、そこからの離脱の可能性をさぐる。

516 金融史がわかれば世界がわかる ——「金融力」とは何か　倉都康行

マネーに翻弄され続けてきた近現代。その変遷を捉え直しながら、世界の金融取引がどのように発展してきたかを整理し、「国際金融のいま」を歴史の中で位置づける。

565 使える！確率的思考　小島寛之

この世は半歩先さえ不確かだ。上手に生きるには、可能性を見積もり適切な行動を選択する力が欠かせない。確率のテクニックを駆使して賢く判断する思考法を伝授！

ちくま新書

610 これも経済学だ！　　中島隆信

各種の伝統文化、宗教活動、さらには障害者などの「弱者」などについて、「うまいしくみ」を作るには、「経済学」を使うのが一番だ！　社会を見る目が一変する本。

628 ダメな議論
——論理思考で見抜く　　飯田泰之

国民的「常識」の中にも、根拠のない"ダメ議論"が紛れ込んでいる。そうした、人をその気にさせる怪しい議論をどう見抜くか。その方法を分かりやすく伝授する。

657 グローバル経済を学ぶ　　野口旭

敵対的TOB、ハゲタカファンド、BRICs、世界同時株安……ますますグローバル化する市場経済の中で、正しい経済学の見方を身につけるための必読の入門書。

701 こんなに使える経済学
——肥満から出世まで　　大竹文雄編

肥満もたばこ中毒も、出世も談合も、経済学的な思考を上手に用いれば、問題解決への道筋が見えてくる！　経済学のエッセンスが実感できる、まったく新しい入門書。

780 資本主義の暴走をいかに抑えるか　　柴田徳太郎

資本主義とは、不安定性を抱えもったものだ。これに対処すべく歴史的に様々な制度が構築されてきたが、現在、世界を覆う経済危機にはどんな制度で臨めばよいのか。

785 経済学の名著30　　松原隆一郎

スミス、マルクスから、ケインズ、ハイエクを経てセンまで。各時代の危機的に生まれた古典には混沌とする経済の今を捉えるためのヒントが満ちている！

807 使える！経済学の考え方
——みんなをより幸せにするための論理　　小島寛之

人は不確実性下においていかなる論理と嗜好をもって意思決定するのか。人間の行動様式を確率理論を用いて抽出し、社会的な平等・自由の根拠をロジカルに解く。

ちくま新書

339 「わかる」とはどういうことか
——認識の脳科学

山鳥重

人はどんなときに「あ、わかった」「わけがわからない」などと感じるのか。そのとき脳では何が起こっているのだろう。認識と思考の仕組みを説き明かす刺激的な試み。

363 からだを読む

養老孟司

自分のものなのに、人はからだのことを知らない。たまにはからだのことを考えてもいいのではないか。口から始まって肛門まで、知られざる人体内部の詳細を見る。

434 意識とはなにか
——〈私〉を生成する脳

茂木健一郎

物質である脳が意識を生みだすのはなぜか？ すべてを感じる存在としての〈私〉とは何ものか？ 人類に残された究極の問いに、既存の科学を超えて新境地を展開！

795 賢い皮膚
——思考する最大の〈臓器〉

傳田光洋

外界と人体の境目——皮膚。様々な機能を担っているが、驚くべきは脳に比肩する精妙で自律的なメカニズムである。薄皮の秘められた世界をとくとご堪能あれ。

879 ヒトの進化 七〇〇万年史

河合信和

画期的な化石の発見が相次ぎ、人類史はいま大幅な書き換えを迫られている。つい一万数千年前まで生きていた謎の小型人類など、最新の発掘成果と学説を解説する。

942 人間とはどういう生物か
——心・脳・意識のふしぎを解く

石川幹人

人間とは何だろうか。古くから問われてきたこの問いに、認知科学、情報科学、生命論、進化論、量子力学などを横断しながらアプローチを試みる知的冒険の書。

950 ざっくりわかる宇宙論

竹内薫

宇宙はどうはじまったのか？ 宇宙に果てはあるのか？ 過去、今、未来を縦横無尽に行き来し、現代宇宙論をわかりやすく説き尽くす。